工程力学专业规划教材

安全检测技术

丛书主编　赵　军
本书主编　陈金刚

中国建筑工业出版社

图书在版编目（CIP）数据

安全检测技术/陈金刚主编．—北京：中国建筑工业
出版社，2018.3
工程力学专业规划教材/赵军主编
ISBN 978-7-112-21637-6

Ⅰ.①安…　Ⅱ.①陈…　Ⅲ.①安全监测-技术-高等
学校-教材　Ⅳ.①X924.2

中国版本图书馆 CIP 数据核字（2017）第 310326 号

　　《安全检测技术》以预防职业危害和生产安全事故为出发点，以职业生产安全
检测技术为主要研究对象，全面系统地介绍了职业安全检测技术的基本理论、技
术原理、检测方法以及应用技术。本书主要内容包括：绪论、安全检测基础、常
用安全检测方法、有毒有害物质检测、生产性粉尘检测、高温作业检测、噪声
检测。

　　本书图文并茂，深入浅出，结构严谨，内容丰富，重点突出，理论联系实际。
可作为高等院校相关专业本科生和硕士研究生的专业教材，也可以作为安全管理
和安全技术人员的培训教材和自学用书。

　　责任编辑：尹珺祥　赵晓菲　朱晓瑜
　　责任设计：谷有稷
　　责任校对：李欣慰

工程力学专业规划教材
安全检测技术
丛书主编　赵　军
本书主编　陈金刚
＊
中国建筑工业出版社出版、发行（北京海淀三里河路9号）
各地新华书店、建筑书店经销
唐山龙达图文制作有限公司制版
北京君升印刷有限公司印刷
＊
开本：787×1092毫米　1/16　印张：9½　字数：231千字
2018年3月第一版　　2018年3月第一次印刷
定价：**30.00**元
ISBN 978-7-112-21637-6
（31294）

■ 前　　言

21世纪以来，全球安全生产形势依然严峻，环境污染、重大事故与灾害频繁发生，严重威胁人类的生命与健康，造成了大量的财产损失。安全检测可为劳动者作业场所的危害因素以及生产过程中的不安全因素进行测试与分析，为安全管理决策和安全技术的有效实施提供丰富、可靠而准确的信息，从而改善劳动作业条件、检查和改进生产工艺过程，预测危险信息、避免或控制系统和设备的事故发生。开展安全检测与监控技术研究，全面提高我国安全检测与监控的科学技术水平，对有效减少事故隐患，预防和控制重特大事故的发生，保障国家经济与社会的可持续发展具有重大现实意义。

安全检测技术是一门多学科交叉的综合性技术学科，涉及的内容非常广泛。本书以职业危害因素检测为主线，系统阐述了安全检测技术的基本理论、原理和检测方法。主要包括：绪论、安全检测基础、常用安全检测方法、有毒有害物质检测、生产性粉尘检测、高温作业检测、噪声检测等内容。

本书在编写过程中，参考了相关著作，文献及国家职业卫生标准。高晓蕾参与了本书的编写工作，在此一并表示感谢！

由于时间仓促、水平有限，若有不妥之处，敬请读者批评，并提出宝贵意见。

■ 目　　录

第1章 绪 论

安全是人类生存和发展永恒的主题，安全是国家稳定、社会发展、人民安康幸福的基石。安全技术是检测技术领域中的一个重要方面，其主要研究内容为检测技术和装置的基本原理、结构、性能、特点及选用范围等。

科学技术的发展与检测技术的发展紧密相关。检测技术促进了科学技术的发展，而科学技术的发展又为检测技术的发展开辟了广阔前景。随着高新技术的发展，高度现代化的自动加工与生产系统正向柔性加工系统、计算机集成制造系统和无人化工厂的方向发展，而自动检测系统从大量的物质流、信息流和管理流中识别有关信息，以便实行状态监测与设备故障诊断，在这大量的信息中，包括了是否正常运转、是否将要出现故障等有关安全的信息。然而，从安全检测的角度来讲，尚需对环境的振动、噪声、辐射、空气的污染、粉尘的浓度与颗粒的大小等进行检测，因为这些因素都直接危害人身的安全与健康。

因而，安全检测技术是一项极为重要的工作。随着人们对安全的认识不断深化，安全检测技术必将会有长足的发展，并将会为安全生产的现代化提供重要保障。

■ 1.1 安全科学与工程学科的发展

安全科学与工程是安全科学基础理论与安全工程技术以及两者的实践相结合的学科、专业和范畴的总称。安全科学与工程的应用领域涉及社会文化、公共管理、行政管理、检验检疫、消防、土木、矿业、交通、运输、航空、机电、食品、生物、农业、林业、能源等种种行业和事业，乃至人类生活的各个领域。

我国安全科学与工程学科是从新中国诞生之后的劳动保护等学科逐渐发展起来的。1981年开始了安全类硕士学位研究生教育，1986年以来实现了安全类本、硕、博三级学位教育。1989年中图分类法第四版类目中"劳动保护科学"更名为"安全科学"。在1992年国家技术监督局颁布的国家标准《学科分类与代码》中，"安全科学技术"被列为一级学科，其中包括"安全科学技术基础、安全学、安全工程、职业卫生工程、安全管理工程"5个二级学科。

1997年国家人事部确立了安全工程师职称制度，2002年建立了注册安全工程师执业资格制度。在2006年国务院发布的《国家中长期科学和技术发展规划纲要》中，"公共安全"被纳入11个重点规划领域之一，并明确提出了发展"国家公共安全应急信息平台、重大生产事故预警与救援、食品安全与出入境检验检疫、突发公共事件防范与快速处置、生物安全保障、重大自然灾害监测与防御"六大优先主题。2006年安全工程获批作为工程硕士培养的一个新领域。

2011年，国务院学位委员会将"安全科学与工程"列为一级学科（原是矿业工程下的二级学科），归属于工学门类；2012年，教育部颁布的《普通高等学校本科专业目录》，将"安全科学与工程"单列为一个类0829，下设"安全工程"专业。

■ 1.2　安全检测在安全科学中的地位与任务

工业革命给人类带来了无穷的财富，但是，工业事故和工业灾难与科技发展和社会进步伴随而来，从泰坦尼克号到切尔诺贝利核泄漏，人类经历了无数次危险和灾难。现代化学工业、高能技术、高新技术、航空航天技术、核工业技术以及探海技术的发展以及规模装置、大型联合装置的出现，使技术密集性、物质高能性和过程高参数性更为突出，使得现代生产装置和系统对工程技术的严格性和严密性提出了更高的要求，对于现代装置、高能过程和高技术系统，微小的技术缺陷往往成为灾难性隐患，甚至导致毁灭性的灾难。如：工业过程的微小温度或压力的变化、高速流体系统的流量流速的变化、快速运转机械平衡条件的微小变化、物料配比系统的微小失误、高压装置的细小裂纹、爆炸危险体系的微小触发能量等。由于事故现象越来越复杂，损失越来越惨重，迫使人们必须认真分析事故现象，研究事故规律，这就要求在生产过程中实施有效地安全检测和控制。

安全检测的任务：为有效地实施安全管理提供丰富、可靠的安全因素信息。安全监控是通过安全检测提供的、为安全管理决策服务的基础信息，使生产过程或特定系统按预定的指标运行，避免系统因受意外的干扰或波动而偏离正常运行状态，并导致故障或事故。因此，安全检测是安全管理工作的"眼睛和耳朵"，安全管理人员的决策过程、监控系统中控制系统运算比较的过程就像是整个安全管理系统的"大脑"。从某种意义上讲，安全检测是人类感官功能的延拓，涉及物理学、电子学、化学、计算机科学、测量技术等学科领域，是一门综合性的技术学科。

安全检测的工作对象：劳动者作业场所空气中可燃或有毒气体（或蒸汽）、漂浮的粉尘、物理危害因素及反映生产设备和设施、工程结构安全状态的参数（温度、压力、流速等）。

安全检测的目的：对劳动者作业场所有毒有害物质和物理危害因素以及生产过程中的不安全因素进行检测，为安全管理决策和安全技术的有效实施提供丰富、可靠而准确的安全因素信息，从而改善劳动作业条件、检查和改进生产工艺过程，预测危险信息、避免或控制系统和设备的事故发生。

■ 1.3　安全检测与控制

借助于仪器、仪表、传感器、探测设备等工具迅速而准确地了解生产系统及作业环境中危险因素与有毒有害因素的类型、危害程度、范围及动态变化，对职业安全与卫生状态进行评价，对安全技术及设施进行监督，对安全技术措施的效果进行检测，提供可靠而准确的信息，以改善劳动作业条件，改进生产工艺过程，控制系统或设备的事故（故障）发生，所有这些运作过程被称为安全检测与控制技术。

安全检测包含两方面的含义，一是指获取被检测对象某时刻数据的过程，另一是指对目的对象进行长时间连续测试的过程，是现代化工业安全生产不可缺少的技术手段，涉及化工、石油、石化、矿山、航空、航天、航海、铁路、电业、建筑、冶金、核工业等众多领域或部门。

根据检测性质不同，安全检测可分为研究性检测、监视性检测和特定目的的检测。研究性检测是为研究危险、有害因素的发生、发展规律而进行的检测，通常是研究技术人员为特定研究目的而专门设计的检测；监视性检测是为了了解危险、有害因素变化状况，进行安全评价、产品安全卫生性能评定、劳动安全监督所进行的检测，既是企业安全管理的重要内容，也是国家安全监察的依据。我国建有省、地、县三级国家检测站，负责安全卫生监察机构指派的检测检验任务；特定目的检测是指因意外事件、事故发生毒物泄漏、放射性污染等而进行的检测。

安全检查、安全检测、安全监测、安全监控的内涵与功能既有区别又有联系：

（1）安全检查是为了系统的安全而对系统可能存在的危险与有害因素进行查证的过程，这种查证既可以是经验性或感官性的，也可以是借助简单的工具或精密复杂的检测仪器，是一种有安全目的的行为过程。传统上的安全检查主要是指利用人的经验、感官的，以及简单的工具所进行的查证过程。

（2）安全检测是利用仪器进行检验、测定。如果较长时间连续检验、测定，则被称为实时检测或监测。检测或监测只是以数据或报警的方式告诉人们系统所处的状态，并不去影响系统的状态。

（3）安全监控不仅能显示系统所处的状态，而且根据监测的结果对系统进行调节、调整、纠正、控制，使系统回到人们所设定的运行状态。由此可见，监控是在监测系统的基础上，加上了控制系统。

■ 1.4　安全检测与监控的作用

通过对检测对象运行状况的检测，预测其运行的变化趋势，根本目的是避免事故，保证安全生产。检测与监控的作用主要表现在 4 个方面：

（1）提供检测对象准确的运行状态。检测对象运行状态正常还是异常，通过检测就可确定。例如：作业场所的空气环境质量是否达到有关职业卫生标准的要求，设备设施是否有泄漏可燃气体或挥发性液体的可能，职业卫生工程中的防尘、防毒、通风与空调、辐射防护、生产噪声与振动控制等工程设施是否有效，锅炉受压元件是否安全可靠，利用无损检测技术（超声波、声发射等）可检测出受压元件是否存在裂纹的扩展情况，通过定量分析评价即可确定锅炉是否安全以及寿命情况。根据检测结果，人们可以对目前运行的设备作好计划安排，如维修、更换、采用其他补救措施等，以便既充分发挥设备的效率，又避免事故发生。

（2）保证检测对象运行状态在预期指标之内。例如监测温度，并根据监测结果通过监控系统的执行机构对设备实行控制，就可以防止强度丧失和过热损失。

（3）预报检测对象运行状态的变化，防止事故发生。对于一些连续运行的设备，当出现不影响运行的异常时，只能在役检修。这时监测系统对故障执行实时监测，一旦故障来临立即报警，以便人们可以事先做好排除故障的工作，避免发生事故。

（4）智能化的监测与监控系统，还可以对故障模式进行诊断，对故障的发展趋势进行预测，把安全检测与安全评价融为一体。

■ 1.5　安全检测与安全监控对设备安全的作用

用安全监测与控制系统监测设备运行状况，预测设备运行的变化趋势，其根本目的是避免事故，保证安全生产。检测与监控对设备安全运行的作用主要表现在以下几个方面：

（1）提供设备准确的运行状态。设备运行状态正常还是异常，通过检测就可确定。例如锅炉受压元件是否安全可靠，利用无损检测技术（超声波、声发射等）可检测出受压元件是否存在裂纹扩展的情况，通过定量分析评价即可确定锅炉是否安全以及寿命情况。根据检测结果人们就可以对目前运行的设备作好计划安排，如维修、更换、采用其他补救措施等，以便既充分发挥设备的效率，又避免事故发生。

（2）保证设备运行状态控制在设计指标之内，不至于超限运行。例如监测温度并根据监测结果通过监控系统的执行机构对设备实行控制，就可以防止强度丧失和过热损失。

（3）预报设备故障状态的变化，防止设备事故发生。对于一些必须连续运行的设备，当出现不影响运行的异常时，只能在役检修。这时监测系统对故障执行实时监测，一旦故障来临立即报警，以便人们可以事先做好排除故障的工作，避免事故带来的损失。

（4）智能化的监测与监控系统，不仅能检测设备的运行状态，而且对设备故障模式进行诊断，对故障的发展趋势进行预测，把安全检测与安全评价融为一体。

■ 1.6　检测与监控系统的组成

检测系统是指为完成某项测量所使用的一系列仪器，即指由相关的器件、仪器和测量装置有机组合而成的具有获取某种信息之功能的整体。

检测系统由传感器、信号调理、信号传输、信号处理、警报装置、显示记录等环节组成（图1-1）。

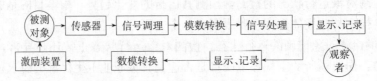

图 1-1　检测与监控系统的组成

担负信息转化任务的器件称为传感器或检测器。传感器的作用是将被检测对象的指标参数（如温度、压力、可燃气体浓度、速度、湿度等）转化为电信号。经过信号处理电路系统进行处理后，通过显示器、警报器显示或报告检测结果，也可以通过数据处理装置进行数据处理，以作进一步分析使用（如故障诊断分析）。由传感器或检测器、信号处理及显示单元组合成一个整体，就构成了"安全检测仪器"。如果将传感器或检测器、信号处理及显示单元集成于一体并固定安装于现场，对安全状态信息进行实时检测，则称这种装置为安全监测仪器。如果只是将传感器或检测器固定安装于现场，而信号处理、显示、控制、报警等单元安装在远离现场的控制室内，则称之为安全监测报警系统，习惯上称为安全检测报警系统。将监测系统与控制系统结合起来，把监测数据转变成控制信号，则称为监控系统。对于监控系统，则通过控制执行机构对被监测对象实行调节、纠偏控制，以使被监测对象始终保持在设定的状态运行。

信号调理环节把传感器的输出信号转换成适合于进一步传输和处理的形式。这种信号的转换多数是电信号之间的转换，例如，把阻抗变化转换成电压变化，还有把滤波、幅值放大或者把幅值的变化转换成频率的变化等。

信号处理环节对来自信号调理环节的信号进行各种运算、滤波和分析。信号显示、记录环节将来自信号处理环节的信号，即测试的结果，以易于观察的形式显示或存储。

反馈、控制环节主要用于闭环控制系统中的测试系统。

模数（A/D）转换和数模（D/A）转换环节是在采用计算机、PLC 等测试、控制系统时进行模拟信号与数字信号相互转换的环节。

警报装置是安全监测与监控的重要组成部分，当设备出现危险、险情、故障或需要注意的情况时，可采用各种警报装置来提醒人们注意，以便迅速作出反应，从而避免事故的发生。对于在控制点看不见全貌的自动生产线或联动机组，应配置开车预备音响警报装置，以便引起有关人员注意。安全监测与监控系统采用的警报装置类型有视觉报警、听觉报警、嗅觉报警等。

（1）预警。预警一词用于工业危险源时，可理解为系统实时检测危险源的"安全状态信息"并自动输入数据处理单元，根据其变化趋势和描述安全状态的数学模型或决策模式得到危险势态的动态数据，不断给出危险源向事故临界状态转化的瞬态过程。由此可见，预警的实现应该有预测模型或决策模式，即描述危险源从相对安全的状态向事故临界状态转化的条件及其相互之间关系的表达式，由数据处理单元给出预测结果，必要时还可直接操作应急控制系统。

（2）报警。报警和预警区别较大，前者指危险源安全状态信息中的某个或几个观测值，分别达到各自的阈值时而发出声、光等信号而引人注意的功能。阈值是事先设定的。有些袖珍型气体检测报警仪仅具备报警功能，但现在多数固定式和便携式检测报警仪同时具备指示检测数据和报警两个功能，并能够存储和输出大量的检测数据。报警是指某参数达到了预设的预警，预警是在一定程度上对危险源状态的转化过程实现在线仿真。根据状态数据的变化趋势判断是否向危险状态转变，两者的本质区别在于有无预测模型或模式。

■ 1.7 安全检测的内容

工业危险源通常指"人（劳动者）—机（生产过程和设备）—环境（工作场所）"有限空间的全部或一部分，属于"人造系统"，绝大多数具有可观测性和可控性。表征工业危险源状态可观测的参数称为危险源的"状态信息"。状态信息是一个广义的概念，包括对安全生产和劳动者身心健康有直接或间接危害的各种因素，例如：反映生产过程或设备运行状况正常与否的参数，作业环境中化学和物理危害因素浓度或强度等。安全状态信息出现异常，说明危险源正在从相对安全的状态向即将发生事故的临界状态转化，提示人们必须及时采取措施，以避免事故发生或将事故的伤害和损失降至最低程度。

为了获取工业危险源的状态信息，需要将这些信息通过物理或化学的方法转化为可观测的物理量（模拟或数字信号），这就是通常所说的安全检测和安全监测，它是对作业环境安全与卫生条件、特种设备安全状态、生产过程危险参数、操作人员不规范动作等各种不安全因素检测的总称。

不安全因素包括：

（1）粉尘危害因素。化学成分、浓度、粒径分布；全尘或呼吸性粉尘；煤尘、石棉尘、岩尘、烟尘等。

（2）化学危害因素。可燃气体、有毒有害气体在空气中的浓度和氧气含量。

（3）物理危害因素。噪声与振动、辐射（紫外线、红外线、射频、微波、位素）、静电、电磁场、照度等。

(4) 机械伤害因素。人体部位误入机械动作区域或运动机械偏离规定的轨迹。

(5) 电气伤害因素。触电、静电、雷电、电气火灾等。

(6) 气候条件。气温、气压、湿度、风速等。

常见的检测内容：

(1) 有毒、可燃气体检测：

主要用于存在泄漏有毒、可燃气体浓度达到爆炸极限或爆炸的石油化工企业、油轮、油库。当可燃气体浓度达到爆炸极限时，就会发出警报。可燃气体探测器有催化型和半导体型两种。

(2) 粉尘检测：

评价作业场所空气中粉尘的危害程度，加强防尘措施的科学管理，保护职工的安全和健康，促进生产发展。

(3) 噪声检测：

常用仪器有声级计、频谱仪、噪声分析仪等。声级计根据其精度分为精密声级计和普通声级计，可根据测量精度要求选用。对于测量脉冲噪声则应选用脉冲声级计。一般噪声频率范围是较宽广的，在噪声控制中往往需要知道噪声的频谱，这时应选用频谱仪。声级分析仪是由声级计、微机和打印机构成，是一种交、直流两用电源的携带式测量结果，而且可贮存、分析和处理数据，得出所需要的各种综合评价结果。

(4) 辐射检测：

辐射包括电磁波和放射性，一般作业场所主要涉及放射性检测。按被检测的对象不同，放射性检测分为现场检测和个人剂量检测，前者是对具有放射性污染作业场所污染状况的检测，后者是对操作人员所受内照射和辐射剂量的检测。

(5) 流动介质参数检测：

许多生产设备存在流动介质，无论生产过程还是安全控制，都需要对介质的参数（温度、压力、流速等）进行检测。检测仪器既有经典的指针式检测仪器，也有带微机的智能化检测仪，可根据检测参数及要求选用。

(6) 电气设备检测：

电气设备的检测项目较多，常见的有绝缘性能检测、接地电阻检测、静电检测等。

(7) 设备缺陷检测：

在不损害或基本不损害材料或构件的情况下，探测被检测对象内部和表面的各种缺陷及某些物理性能的一种检测技术。对检测材料或构件是否出现危险性缺陷，消灭灾害性事故具有重要的作用。常规的无损检测方法有：渗透检测、磁粉检测、电位检测、涡流检测、射线检测和超声波检测。

(8) 火灾探测：

火灾探测在探测到火灾时，能自动产生火灾报警信号，因而也叫火灾报警器。

安全检测方法。安全检测方法依检测项目不同而异，种类繁多。根据检测的原理机制不同，大致可分为化学检测和物理检测两大类。化学检测是利用检测物质的物理化学性质指标，通过一定的仪器与方法，对检测对象进行定性或定量分析的一种检测方法。它主要用于有毒有害气体或蒸气、可燃气体或蒸气的检测，例如空气中一氧化碳、甲烷等的测定。物理检测利用检测对象的物理量（热、声、光、电、磁等）进行分析，如噪声、电磁波、放射性、压力、温度等的测定。

安全检测仪器。根据使用的场所不同，用于检测的仪器分为两大类，一类是实验室型仪器，不便于携带，用于在实验室对现场采集样品进行检测分析；另一类是便携式仪器，便于携带，操作简便，主要用于现场的实时检测。前者适用范围广，准确度高，操作较复杂，检测周期长，不适于应急检测；后者适用范围相对窄，操作简便，能实时反映浓度变化情况，特别适于应急检测。另外，还有固定式气体检测器，其传感器部分安装在现场，用于监测固定场所的目标气体浓度。

实际生产中使用的安全监控系统种类繁多，根据使用对象不同，常用有以下几类：

（1）生产工艺参数监控系统：

这类控制主要是为了保证设备运行要求，同时也起到安全监控的作用，例如发电厂锅炉过热蒸气温度控制系统。每种锅炉与汽轮机组都有一个规定的运行温度控制系统。每种锅炉与汽轮机组都有一个规定的运行温度，在这个温度下运行机组的效率最高。如果温度过高，会使汽轮机的寿命大大缩短，而如果温度过低，当蒸汽带动汽轮机做功时，会使部分蒸气温度控制系统的作用，也就是监测蒸气的温度，并控制蒸气保持设定的温度。

（2）危险场所提示监控系统：

对于一些危险场所（如高压变电室、重要设备场所、危险作业场所等），在采用隔离、屏蔽等措施后，还不能达到本质安全时，为了避免人员误操作造成事故危险，常在这些场所设置提示监控系统。一旦有人靠近或误入，系统将以语音或声光形式发出警告。

（3）事故危险警报监控系统：

对于存在有毒、可燃气体的作业环境，如果发生泄漏，可能会造成严重的中毒事故或爆炸事故。因此，设置警报监控系统，一旦泄漏超过规定值，系统报警，以便人们采取措施，排除险情。

（4）火灾报警监控系统：

一旦出现火情，系统发出报警，以便人们及早扑灭火灾或逃离现场。报警监控系统不仅可用作报警，还可同时启动灭火系统和排气扇，打开排气操纵增压系统。有些重要建筑物的监控系统同时使用多种探测器来监测火灾，提高预防火灾的可靠性。

（5）安全保护监控系统：

这类系统广泛用于各类设备上，一方面保护设备，另一方面保护操作者，避免人身伤害事故发生。如机床上使用的限位监控器，当运动部件运行轨迹超过限定位置时，系统发出警报，并切断电源或启动制动装置。压力机上使用的冲压保险监控系统，是为了防止在冲压过程中发生人身事故而设的。一般分为光线式和感应式，当人体某个部位伸进感应幕时，电磁发生变化，监测出感应幕被破坏，并向控制元件输出信号，使压力机的滑块停止运行。还有汽车上使用的防撞雷达，也属于安全保护监控系统类型。当汽车与前方或左右侧的汽车或其他物体的距离较近时，防撞雷达切断油路，启动刹车系统，使汽车自动停止运行。

（6）电视监视法：

一些企业采用工业电视对生产现场进行集中监视。利用安装在现场的摄像头及时观察车间情况，发现事故苗头，即可用对讲机通知车间管理人员及时加以控制。一般的安全检查都是检查人员到现场进行查证，这不仅费时，而且不能动态地观测设备的运行情况。利用电视监视法，人们可通过屏幕随时检查设备运行及作业环境变化情况，尤其对于危险作业，安全要求高的设备运行，更是一种很有效的方法。

■ 1.8　安全检测与监控的发展趋势

安全检测与监制简称为安全监控，具有监测和控制的综合作用。安全监控可分为两种：一是过程控制。在现代化工业过程中，一些重要的工艺参数大都由变送器、工业仪表或计算机来测量和调节，以保证生产过程及产品质量的稳定。比较完善的过程控制设计中，有时也会考虑工艺参数的超限报警，外界危险因素（如可燃气体、有毒气体在环境中的浓度，烟雾、火焰信息等）的检测，甚至紧急停车等联锁系统。然而，这种设计思想仍然着眼于表层信息捕获的习惯模式。二是应急控制。应急控制是指具有安全防范性质的控制技术。在对危险源的可控制性进行分析后，选出一个或几个能将危险源从事故临界状态调整到相对安全状态的因素并进行控制，以避免事故发生或将事故的伤害、损失降至最低程度。

监控技术的发展主要表现在：①监控网络集成化，是将被监控对象按功能划分若干系统，每个系统由相应的监控系统实行监控，所有监控系统都与中心控制计算机连接，形成监控网络，从而实现对生产系统实行全方位的安全监控（或监视）；②预测型监控，这种监控即控制计算机根据检测结果并按照一定的预测模型进行预测计算，根据计算结果发出控制指令。这种监控技术对安全具有重要的意义。

安全检测技术涉及各行各业，而且在不同行业的发展要求和发展现状也不尽相同，因而，发展趋势也不尽相同。但从安全科学的整体角度出发，现代生产工艺的过程控制和安全监控功能应融为一体，综合成包括过程控制、安全状态信息检测、实时仿真、应急控制、自诊断以及专家决策等各项功能在内的综合系统，总的发展趋势表现为：①开发综合性安全检测新系统；②拓展安全检测设备的测量范围，提高检测精度；③提高安全检测的可靠性、安全性；④传感器向集成化、数字化、多功能化方向发展；⑤发展非接触式、动态安全检测技术。

■ 1.9　安全检测技术标准的采用

安全检测的对象包括了粉尘、可燃气体、有毒气体、噪声、静电、压力、温度、辐射、流速等许多方面，检测仪器种类多、型号多，原理也各不相同，检测地点也分室内室外，检测过程涉及许多领域的知识。为了得到准确可靠、可比性强的检测结果，最好采用标准的检测方法若没有标准检测方法的检测项目，可采用权威部门推荐的方法，或能被广泛认可的检测方法。现场使用的固定式检测报警系统，不仅要求检测的准确度高，而且还要求能迅速探知泄漏，所以传感器的安装位置设计也要规范。我国颁布了许多车间空气中粉尘、有毒物质、噪声和辐射的卫生标准，包括最高容许浓度、时间加权平均浓度和检测方法，这些是进行安全检测的依据。

在作业场所空气的尘毒检验中，常常需要进行定量分析，几乎所有的化学分析和现代仪器分析方法都可以用于空气理化检测，但是每种分析方法都有其各自的优缺点，至今尚没有能适用于各种污染物的万能分析方法。目前，空气尘毒检验常用的分析方法有紫外—可见分光光度法、气相色谱法、高效液相色谱法、原子吸收光度法、电化学分析法、荧光光度法以及滴定分析等实验室分析方法，还有很多采用便携式检测仪的方法。对于待测的空气污染物，选择分析方法的原则是尽量采用灵敏度高、选择性好、准确可靠、分析时间短、经济实用、适用范围广的分析方法。

除固定场所的常规检测外，安全检测的另一个重要任务是突发事故时的应急检测，主要是对泄漏气体和挥发性液体蒸气的检测，有时需要对火灾时的燃烧热解产物（如一氧化碳、氰化氢、二氧化硫等）进行应急检测，有时也需要对临时性的受限作业空间（如设备内维修）进行检测。应急检测的目的是确定危险区域或判断人员是否有危险。

与检测有关的国家标准包括采样标准、检测方法标准、浓度阈限值标准、仪器安装设计标准以及标准气体配置标准等。

思 考 题

1. 简述安全检测在安全科学中的地位。
2. 简述安全检测与安全监控的联系与区别。
3. 安全检测与安全监控对设备安全有什么作用？
4. 常见的检测内容有哪些？
5. 简述安全检测与监控的发展趋势。

第 2 章 安全检测基础

安全检测对象和环节复杂，为了使检测结果具有准确性和可比性，就需要各个实验室从采样到检测结果等整个过程遵循科学的安全检测质量程序。如果检测人员的技术水平、仪器设备、环境条件存在差异，那么测定结果与实际情况就会存在较大的偏差，将会造成大量人力、物力、财力的浪费，造成安全生产事故，甚至产生灾难。

■ 2.1 质量控制基础

质量：产品具有的能满足消费者某种需要的程度。这里所说的"消费者"，比日常用语具有更加广泛的含义，不仅局限于成品的使用者，而且泛指任何承受前导部门工作成果的对象。从这个意义上说，下道工序就是上道工序的消费者。

1924 年，美国贝尔电话公司休哈特博士（W. A. shewhart）运用数理统计方法提出了世界第一张质量控制图，主要思想是在生产过程中预防不合格产品的产生，变事后检验为事先预防，从而保证了产品质量，降低了生产成本，大大提高了生产率。

质量控制是以统计学的原理和方法，揭示实验分析过程中所产生误差的科学，主要是以概率与数理统计的理论来管理和控制生产过程，以便在最佳经济效果下，生产出质量符合消费者要求的产品。质量控制的目的是把检测结果的误差控制在允许的范围内。

质量控制包括三方面的内容：

2.1.1 采样质量控制

所采集的样品是否有代表性、计量准确与否、保存及样品处理是否得当等，都直接影响到测试数据的准确性，所以作业现场进行采样时，应严格按照采样原则和注意事项进行操作，以确保采样质量。

采样质量控制包括采样点、采样方法、采样时机的选择及样品保存与处理方法的质量控制。选择采样点的质量控制是要保证所采样品具有代表性，确定采样周期和采样频率时也要体现随机采样的原则，同时也要反映作业人员接触有毒物质的最大浓度。选择采样方法时要控制采样方法的采样效率、准确度、精密度和采样量。如采样点受环境气象因素影响，还要考虑风向、湿度、温度、气压等参数。样品保存、运输过程质量保证主要是指检测组分不损失、不变质、不受污染；样品前处理，如显色、浓缩、分离等要保证反应完全和适当的回收率。

2.1.2 实验室质量控制

实验室质量控制包括实验室内质量控制和实验室间质量控制。实验室内质量控制是实验室自我控制检验质量的常规程序，以编制质量控制图为手段，反映分析质量的稳定性，以便及时发现检验中的异常情况，随时采取相应的校正措施。包括：空白试验、仪器设备的定期校准、平行样分析、加标样分析、密码样品分析和编制质量控制图。实验室间质量控制常用的方法有分析标准样品法、检查评价实验室质量保证体系的运行情况等方法。

2.1.3 质量管理程序控制

管理程序质量控制主要从程序文件制定及其执行来保证，包括各种相关规章制度，如分析设备定期校准制度，试剂、溶剂、标准物选择审核制度，统一编制规范的操作方法、原始记录格式规范和保存制度，定期培训考核制度等。

■ 2.2 实验室质量控制

实验室质量控制的主要任务就是要把各类误差减小到最低限度，以保证分析结果的准确度和精密度。实验室质量控制的目的是通过精心调节使测量过程处于所要求的、稳定的、再现的状态。建立这一状态后，就可确定准确度，识别系统误差，并可采取适当的措施来消除或补偿系统误差，进而获得所要求的数据质量。

实验室本身质量如何是保证分析检测数据可靠性的前提。为了实现质量保证，实验室应有严格、完善的管理办法，训练有素的检测分析人员，保证检测人员的素质和技术水平、具备性能完好的检测设备、使用质量合格试剂（包括标准物、试剂和水）、选用成熟可靠的检测方法、建立完善的管理制度及对检测质量进行控制等多方面入手，才能保证检测结果的可靠性。

2.2.1 实验室内质量控制

（1）实验室人员的技术能力。实验室人员的能力和经验是保证测量质量的首要条件。尽管现代化仪器越来越高端，但技术判断、经验、技巧，甚至工作人员的专业水平对于减少和保持测量精度等方面仍是非常重要的。实验室人员应有较扎实的本专业基础理论水平，丰富的实际操作经验，精通分析测试数据的统计方法，并能培训和指导其他分析技术人员，应具有与测量项目要求相当的能力水平。仅在测量情况大量重复时，才能把测量过程改为自动程序。随着获得大多数方法的经验后，测量能力就会提高。所以，对于具有相同仪器设备的实验室，测量数据质量可能有明显差异，其测量的可靠性也会有很大差别。比对试验是提高和检查人员技术能力的重要手段，及时的和针对性的培训是提高人员的技术能力必要途径。

对实验室人员的要求：1）实验室人员应具有高度的事业心，执法的责任感、实事求是的作风、热爱本职工作、不断钻研技术；2）正确、熟练地掌握安全检测实验的基本操作技能，有一定分析问题和解决问题的能力；3）对承担的检测项目能理解实验的原理、各操作步骤的作用，并能正确操作；4）能正确使用有效数字并具有简单的数理统计技术，能正确表达测试结果；5）接受测定项目前，应完成规定的各项质量控制实验，达到要求，才能进行测定并报告测定结果；6）具备良好的实验素质，实验前认真做好测试前的各项技术准备工作：实验用水，试剂、标准物质、器皿、仪器校正等均应符合要求；实验过程认真观察、记录、实验台整洁、物品存放有序；实验后及时清理工作环境，工作交接清楚。

（2）合适的仪器设备、实验用水、试剂试液。仪器和设备的合适配备和合理使用，关系到安全检测结果的成功与失败。没有超净实验室就不可能做超痕量分析，没有密封的场地和带消毒设施的实验室就不可能测试有毒物质；没有屏蔽室或开阔场就无从开展抗干扰试验。使用仪器和设备对测量结果的主要影响因素有：正确的配备测试仪器和设备、合适的环境、配套的附件、精心的调试（维护）。1）各种分析检测仪器应专人保管和使用，并定期检查和校正；2）计量仪器应由国家计量部门或有关部门进行校正后才可应用；3）所用试剂必须符合分析方法所规定的条件；4）配制标准物质在无特殊要求下，原则上使用分析纯试剂；5）对所有分析用水通常用去离子水或者蒸馏水，至少对所测物质无干扰；6）检测备用的容量器皿都应在使用前，按各自的不同要求进行清洗。

实验用水。实验室根据不同的用途，选择相应的提纯装置，对购买的去离子水或蒸馏水进行二次净化，以便满足所需质量的实验用水。实验室净化水的方法：蒸馏法、离子交换法、反渗透法、超滤法、吸附法。

试剂与试液。实验室所用试剂应根据实际需要，合理选用相应规格的试剂，按规定浓度和需要量正确配置。实验室一般存放浓度较高的贮存液，需要用时，临时稀释成所需浓度。一般化学试剂分为 3 级，一级试剂—绿色—用于配制标准溶液；二级试剂—红色—用于配制定量分析中普通溶液；三级试剂—蓝色—用于配制半定量、定性分析中试液和清洁液。高于一级品的高纯试剂，常以 9 的数目表示产品的纯度，如，4 个 9 表示纯度为99.99%。

（3）良好的实验室操作和测量操作。良好的实验室操作（GLP）和良好的测量操作（GMP）包括检测人员在完成良好的测量中所积累的经验。GLP 即使不与实验室中所做的所有测量有关，也与大多数测量的通则有关。GLP 在技术上是独立的，如设备的维护、记录、样品处理、试剂和标准物质的控制、附件（如玻璃器皿）的清洗等，各自独立存在并运行。GMP 是技术细节，对某些特殊的测量技术，是 GLP 的延伸，也可能与 GLP 无关，测量内容来自于实验室人员及同行的经验。GLP 与 GMP 的总目标是一致的，但各有不同的具体目标。应该把 GLP 和 GMP 形成文件。如果要得到好的测量结果，就应该在实验室中把执行 GLP 和 GMP 作为一种制度。

（4）标准操作规范。标准操作规范要实施的特殊操作和方法，包括抽样操作、样品处理、校准、测量步骤以及要重复做的操作，在每次应用时，应考虑它的适用性。对于很少使用的方法，测量人员最好做必要的初步测量以确认方法的可行性，并说明每种情况下测量过程所能达到的统计控制。

为了保证实验室测试数据及分析结果的准确性和可比性，应做到：1）采用国内统一、推荐的分析方法；2）严格按照统一规定方法的步骤要求进行操作；3）做平行样品的精密度试验。

（5）充分的教育和培训。充分的教育和培训是可靠测量能力的先决条件。由于专业程序的不同，应注意培训和教育的不同。没有专业的教育基础，再好的培训也难以弥补系统的知识构成。实验室程序的质量保证方面的在职培训也同样重要，应对新员工灌输工作中必然用到的专门质量保证规范，对老员工也应进行新的知识培训。

（6）制订完善管理办法。分析检测室应制订一系列管理办法，如：仪器设备管理办法；检测方法选择验证程序；数据分析、统计、管理程序等，以确保分析方法的精密度，测试数据的可信度及可比性。

2.2.2 实验室间质量控制

（1）实验室间质量控制也称实验室外部质量控制。实验室间质量控制实际是实验室间测定数据的对比试验。通过这项试验可以发现一些实验室内部不易核对的误差来源，如试剂的纯度、蒸馏水的质量等问题。经常进行这一工作可增加实验室间测定结果的可比性，提高实验室的检测水平。

（2）实验室间质量控制方法。在各实验室完成了内部控制的基础上，由中心实验室（或协调实验室）给各实验室每年发一、两次"标准参考样品"，各实验室采用标准分析方法或统一方法对标准样品进行测定，并把测定结果上报中心实验室，由中心实验室负责对这些测定结果进行统计评价，然后将标准参考样品中各参数的"标准值"与统计结果回报给各实验室。通过这种不是"评价"的评价，使各实验室进行总结分析对照，可不断提高分析质量，提高检验结果的可比性。

（3）实验室间控制的精密度用再现性表示。通常用分析标准溶液的方法来确定。再现性是指在不同实验室（分析人员、分析设备甚至分析时间都不相同），用同一分析方法对同一样品进行多次测定结果之间的符合程度。

■ 2.3　数据统计处理基础

检测数据的统计处理是以实际测得数据为基础，用统计学的方法进行数学处理后，来描述和评价分析检测结果的质量。由于检测系统的条件限制以及操作人员的技术水平，测试值与真实值之间常存在差异，差异能否被接受，或者说是否在合理的允许范围之内，结果能否真实描述作业环境的实际情况，都需要对数据进行统计处理后，才能判断。

2.3.1　真值（μ）

真值指的是样品中某一组分的真实含量。在仪器分析中，是以某些"真值"为基准来确定某组分的含量。真值包括：①基准试剂含量为100%；②国家权威部门制备出售的标准样，如标准图样、标准气体、标准液体、标准面粉、标准合金等的表示含量；③标准（纯）金属含量为100%。实验室配制标准溶液时，用标准物质（或溶液），以校准过的分析天平、量器、移液管为基准数据计算出"真值"。

2.3.2　误差分类及减免方法

定量分析的目的是通过一系列的分析步骤来获得被测定组分的准确含量，在检测过程中，即使采用最标准的分析方法，使用最精密的分析仪器，由技术最熟练的分析人员操作，也不一定能得到与真值绝对相同的结果，也就是说，误差是客观存在的。测量值与真值的差值即为误差。因此，应该了解分析过程中误差产生的原因及其出现的规律，以便采取相应的措施减少误差。

根据误差产生的原因及其性质不同，可分为系统误差、随机误差和过失误差三大类。

（1）系统误差：指测量值的总体均值与真值之间的差别。系统误差是由测量过程中某些恒定因素造成的，在一定条件下具有重现性，使测定结果系统偏高或偏低，并不因增加测量次数而减少，系统误差的产生原因可以是方法、仪器、试剂、检测人员不正确的操作习惯和恒定的环境造成的。例如，用未经校准过的砝码称量，几次称量同一个砝码，则误差每次都出现。温度变化对溶液体积浓度的影响就不能短时间内重复，所以不是系统误差。

系统误差的性质：重现性、单向性、可测性。

1）系统误差的检查及校正

对照试验：选择一种标准方法与所采用的方法作对照试验或用标准试样作对照试验加以测定。

回收实验：是在测定试样某组分含量（x_1）的基础上，加入已知量的该组分（x_2），再次测定其组分含量（x_3）。由回收试验所得数据可以计算出回收率。

$$回收率 = \frac{x_3 - x_1}{x_2} \times 100\%$$

2）系统误差的校正

空白实验：是指除了不加试样外，其他实验步骤与试样实验步骤完全一样的实验。对试剂或实验用水是否带入被测成分，或所含杂质是否有干扰，可通过空白实验扣除空白值加以校正。

（2）随机误差：又称偶然误差或不可测量误差。是由测定过程中各种随机因素的共同作用所造成，与人的主观意思无关。随机误差遵从正态分布规律。增加试样平行测定次数是减少随机误差的有效途径。

（3）过失误差：又称粗差。是由测量过程中犯了不应有的操作错误所造成的误差，如看错砝码、加错试剂、器皿洗涤不净而残存污染物，这类过失一经发现必须及时改正。

误差减免原则：系统误差必须消除，随机误差尽量减小，过失误差必须避免。

2.3.3 误差与准确度

绝对误差是指测量值（x_i）（单次测量值或多次测量的均值）与真值（μ）之差。

$$E = x_i - \mu \tag{2-1}$$

相对误差是指绝对误差与真值之比（常以百分数表示）：

$$E_r = \frac{x_i - \mu}{\mu} \times 100\% \tag{2-2}$$

【例 2-1】 分析天平称量两物体的质量各为 1.6380g 和 0.1637g，假定两者的真实质量分别为 1.6381g 和 0.1638g，则两者称量的绝对误差分别为：

$$E = 1.6380 - 1.6381 = -0.0001g$$
$$E = 0.1637 - 0.1638 = -0.0001g$$

两者称量的相对误差分别为：

$$E_r = \frac{-0.0001}{1.6381} \times 100\% = -0.006\%$$

$$E_r = \frac{-0.0001}{0.1638} \times 100\% = -0.06\%$$

由此可知，绝对误差相等，相对误差并不一定相同，相对误差比绝对误差能更好地体现测定结果的准确度；在绝对误差不变的情况下，增大称量试样量可有效提高测定结果的准确度。

绝对误差和相对误差都有正负值，正值表示测定结果偏高，负值表示测定结果偏低。在痕量分析中，测定值都很小，用相对误差更能反映误差的大小。

准确度是指测定结果与真实值接近的程度，常用误差大小表示。误差小，准确度高，准确度的高低是用误差的大小来衡量。

2.3.4 偏差与精密度

偏差是指个别测量值（x_i）与多次测量平均值（$\bar{x}$）的偏离。

绝对偏差（d）是指单次测量值（x_i）与多次测量平均值（$\bar{x}$）之差。

$$d = x_i - \bar{x} \tag{2-3}$$

相对偏差（d_r）：绝对偏差与测量均值之比（常以百分数表示）。

$$d_r = \frac{d}{\bar{x}} = \frac{x_i - \bar{x}}{\bar{x}} \times 100\% \tag{2-4}$$

平均偏差（$\bar{d}$）：多次测量值绝对偏差绝对值的平均值。

$$\bar{d} = \frac{1}{n}\sum_{i=1}^{n} |d_i| = \frac{1}{n}\sum_{i=1}^{n} |d_1| + |d_2| + \cdots + |d_n| \tag{2-5}$$

相对平均偏差：平均偏差（$\bar{d}_r$）与均值之比。

$$d_r = \frac{\bar{d}}{\bar{x}} \times 100\% \tag{2-6}$$

总体标准偏差（σ）：

$$\sigma = \sqrt{\frac{\sum_{i=1}^{n}(x_i - \mu)^2}{n}} \tag{2-7}$$

式中：n 为总体容量；μ 为总体均值。适用于样本容量极大（$n \rightarrow \infty$）的情况，在实际工作中应用很少。

样本标准偏差（s）：一般测量数据的数量比较少，不能完全反映样本总体，而实际检测中又不能检测太多的数据，所以求样本的标准偏差是日常工作中使用最多的数据处理方法。

$$s = \sqrt{\frac{\sum_{i=1}^{n}(x_i - \bar{x})^2}{n-1}} \tag{2-8}$$

样本相对标准偏差（s_r），也叫变异系数，是样本标准偏差与样本均值的比值，用百分数表示

$$s_r = \frac{s}{\bar{x}} \times 100\% \tag{2-9}$$

如欲比较两组数据的变异程度，而这两组数据的单位不同，或均值差别较大，就不能用标准偏差比较，但可以用变异系数比较。

极差：一组测量值中最大值（x_{max}）与最小值（x_{min}）之差，表示数据的离散范围，以 R 表示。

$$R = x_{max} - x_{min} \tag{2-10}$$

精密度是指测定结果之间相互接近的程度，常用偏差大小表示。偏差小，精密度高，精密度的好坏用偏差的大小来衡量。

【例 2-2】 有两组测定值，甲组：2.9，2.9，3.0，3.1，3.1，乙组：2.8，3.0，3.0，3.0，3.2，判断两组测定值精密度的差异。

解：
$$\bar{x}_甲 = 3.0, \bar{d}_甲 = 0.08, s_甲 = 0.08$$
$$\bar{x}_乙 = 3.0, \bar{d}_乙 = 0.08, s_乙 = 0.14$$

由此可知，两组数据的平均偏差一样，但标准偏差不一样，表明这两组数据的离散程度不一样，因此，标准偏差比平均偏差能更好地反应一组数据精密度的好坏。

2.3.5 准确度与精密度的关系

准确度是表示测定结果与真实值符合的程度，而精密度是表示平行测定的结果互相靠近的程度。准确度与精密度的关系如图 2-1 所示。

图 2-1 表示甲、乙、丙在同一场地打靶，内圈为 10 环，中圈为 8 环，外圈为 6 环，甲的弹着点用"×"表示，乙的弹着点用"■"表示，丙的弹着点用"●"表示。由图 2-1 可知，准确度高低顺序依次为：甲（30 环）＞乙（24 环）＞丙（18 环）；精密度高低顺序依次为：甲、丙＞乙。

由此可见：

（1）精密度是保证准确度的先决条件。

（2）准确度高，精密度一定高。

（3）精密度高，准确度不一定高。

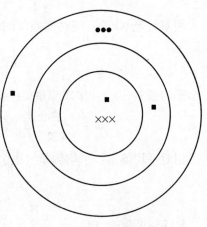

图 2-1 打靶图

2.3.6 总体、样本和平均数

（1）总体和个体：研究对象的全体称为总体，其中一个单位叫作个体。

（2）样本和样本容量：总体中的一部分叫作样本，样本中含有个体数目为样本的容量，计作 n。例如，要检测某厂区空气中 CO_2 的含量，只能随机抽取一部分作为样品气体，所取样品总和为样本，样品中样品的数量为样本容量，每个样品的测定值称为样本值。

（3）平均值：平均值代表一组变量的平均水平或集中趋势。算术均值：简称均值，是最常用的平均值：

$$\text{样本均值} \quad \bar{x} = \frac{\sum X_i}{n} \tag{2-11}$$

$$\text{总体均值} \quad \mu = \frac{\sum X_i}{n}(n \to \infty) \tag{2-12}$$

由于样本数量有限，一般不会得到总体均值。

加权均值：在检测结果的数理统计中，多数是用算术平均值，但在有些情况下不宜用算术平均值。例如，作业场所空气中粉尘的浓度随产尘设备是否开动而变化，不同时间段，粉尘的浓度不同，工人在一个班内吸入粉尘的量，常用时间加权平均浓度，时间作为权数对平均值有影响，权衡了不同浓度存在时间发挥的作用，计算式为

$$\bar{x} = \frac{t_1 x_1 + t_2 x_2 + \cdots + t_n x_n}{t_1 + t_2 + \cdots + t_n} = \frac{\sum t_i x_i}{\sum t_i} \tag{2-13}$$

式中：x_i 为 t_i 时间段内的浓度；$\sum t_i$ 为总时间。

几何均值：几个观察值的乘积再开几次方所得的根，计算公式为：

$$\overline{x_g} = (x_1 x_2 \cdots x_n)^{\frac{1}{n}} \tag{2-14}$$

取对数得

$$\lg \overline{x_g} = \frac{1}{n}(\lg x_1 + \lg x_2 + \cdots + \lg x_n) = \frac{\sum \lg x_i}{n}$$

$$\overline{x_g} = \lg^{-1} \frac{\sum \lg x_i}{n} \tag{2-15}$$

【例 2-3】 含镉的标准水样，浓度为 0.750mg/L，以原子吸收法测定 5 次，测量值分

别为 0.755mg/L、0.754mg/L、0.752mg/L、0.755mg/L、0.753mg/L，求算术均值、几何均值、绝对误差、相对误差、绝对偏差、平均偏差、极差、样本标准偏差和样本相对标准偏差。

解： 算术均数 $\bar{x}=\dfrac{1}{5}(0.755+0.754+0.752+0.755+0.753)=0.754\text{mg/L}$

几何均数 $\overline{x_g}=(0.755\times0.754\times0.752\times0.755\times0.753)^{1/5}=0.754\text{mg/L}$

绝对误差 $x_i-x_t=0.754-0.750=0.004\text{mg/L}$

（以 x_i 为 0.754mg/L，x_t 为 0.750mg/L 为例）

相对误差 $(0.004/0.750)\times100\%=0.533\%$

绝对偏差 $d_i=x_i-\bar{x}=0.754-0.754=0.000\text{mg/L}$

平均偏差 $\bar{d}=\dfrac{1}{5}(|0.755-0.754|+|0.754-0.754|+\cdots+|0.753-0.754|)$

$=0.001\text{mg/L}$

极差 $R=0.755-0.752=0.003\text{mg/L}$

样本标准偏差 $s=\sqrt{\dfrac{1}{n-1}\sum\limits_{i=1}^{n}(x_i-\bar{x})^2}=1.32\times10^{-3}\text{mg/L}$

样本相对标准偏差 $s_r=\dfrac{1.32\times10^{-3}}{0.754}\times100\%=0.175\%$

2.3.7　正态分布

相同条件下对同一样品测定中的随机误差，均遵从正态分布。正态分布概率密度函数为

$$\varphi(x)=\dfrac{1}{\sigma\sqrt{2\pi}}e^{-\frac{(x-\mu)^2}{2\sigma^2}} \tag{2-16}$$

式中：x——由此分布中抽出的随机样本值；

μ——总体均值，是曲线最高点的横坐标，曲线对 μ 对称；

σ——总体标准偏差，反映了数据的离散程度。

从统计学知道，样本落在 $\mu\pm\sigma$、$\mu\pm2\sigma$、$\mu\pm3\sigma$ 区间内的概率分别为 68.26%、95.44%、99.73%。

正态分布中：

（1）小误差（或小偏差）出现的概率大于大误差，即误差的概率与误差的大小有关。

（2）大小相等，符号相反的正负误差数目近于相等，故曲线对称。

（3）出现大误差的概率很小。

（4）算术均值是可靠的数值。

有些数据不呈正态分布，但将数据通过数学转换后可显示正态分布，最常用的转换方式是将数据取对数。如若监测数据的对数呈正态分布，称为对数正态分布。

■ 2.4　可疑数据的取舍

2.4.1　数据修约与运算

1. 有效数字

有效数字是指在分析工作中实际上能测量到的数字。记录数据和计算结果时究竟应该保留几位数字，是根据测定方法和使用仪器的准确程度来决定的。在记录数据和计算结果

时，所保留的有效数字中，只有最后一位是可疑的数字或者不定数字。

例如：坩埚重 18.5734g，六位有效数字，标准溶液体积 24.41ml，四位有效数字。由于万分之一的分析天平能称准至 ±0.0001g，滴定管的读数能读准至 ±0.01ml，故上述坩埚重应是 18.5734±0.0001g，标准溶液的体积应是 24.41±0.01ml，因此，这些数值的最后一位都是可疑的，这一位数字称为"不定数字"。在分析工作中应当使测定的数值，只有最后一位是可疑的。

例如：

1.0005，五位有效数字；

0.5000；31.05%；6.023×10^2，四位有效数字；

0.0540；1.86×10^{-5}，三位有效数字；

0.0054；0.40%，两位有效数字；

0.5；0.002%，一位有效数字。

在 1.0005g 中的三个"0"，0.5000g 中的后三个"0"，都是有效数字；在 0.0054g 中的"0"只起定位作用，不是有效数；在 0.0540g 中，前面的"0"起定位作用，最后一位"0"是有效数字。同样，这些数值的最后一位数字，都是不定数字。

2. 数据修约规则

各种测量、计算的数据需要修约时，应遵守下列规则：

四舍六入五考虑，五后皆零视奇偶，五前为偶应舍去，五前为奇则进一。

四舍六入规则同四舍五入处理方法相同。如，将 8.9417 和 3.2694 修约到只保留一位小数，就看小数点后第二位，若其≤4 就舍去，若≥6 就进一，修约结果为 8.9 和 3.3。

规则中的"五考虑"分几种情况：

如 5 后还有非零位数，就进一，如，将 6.7501 修约成只保留一位小数，因小数点后第二位是 5，但 5 后不全为零，所以应进一位，成为 6.8。

要将 3.4500、3.0500、3.3500 修约到只保留一位小数时，因小数点后第二位皆为 5，且 5 后皆零，这种情况就看小数后第一位是奇数还是偶数，是奇数进一位，是偶数舍去，所以上面三个数修约后应分别为 3.4、3.0、3.4。

若拟舍弃的数字为两位及以上数字，应按规则一次修约，不得连续多次修约。如将 15.4556 修约成整数的正确的做法为修约后得 15，而不能从末位逐次修约为 16。

3. 数据运算规则

（1）加减法：

当几个数据相加或相减时，它们的和或差的有效数字的保留，应以小数点后有效位最少，即绝对误差最大的数据为依据。

【例 2-4】 0.0121＋25.64＋1.05782＝？分析：若各数最后一位为可疑数字，则 25.64 中的 4 已是可疑数字。因此，三数相加后，第二位小数已属可疑，其余两个数据可按规则进行修约、整理到只保留到小数后两位。0.0121＋25.64＋1.05782＝0.01＋25.64＋1.06＝26.71。

【例 2-5】 13.65＋0.00823＋1.633＝？分析，在三个数值中，13.65 的绝对误差最大，其最末一位数为百分位（即小数后两位），因此将其他各数暂时保留至千分位。即把 0.00823 修约为 0.008，1.633 不变。进行运算：13.65＋0.00823＋1.633＝13.65＋0.008＋

1.633=15.291，然后修约至百分位，即 15.29。

（2）乘除法：

几个数据相乘除时，积或商的有效数字的保留，应以其中相对误差最大的那个数，即有效数字位数最少的那个数为依据。

【例 2-6】 求 $0.0121 \times 25.64 \times 1.05782 = ?$ 分析：0.0121 是三位有效数字，其相对误差最大，以此数据为依据，确定其他数据的位数，即按规则将各数都保留三位有效数字然后相乘：$0.0121 \times 25.6 \times 1.06 = 0.328$。若是多保留一位可疑数字，则 $0.0121 \times 25.64 \times 1.058 = 0.3282$，然后再按"四舍六入五留双"规则，将 0.3282，改写成 0.328。

【例 2-7】 $14.131 \times 0.07654 \div 0.78 = ?$ 分析：在三个数值中，0.78 的有效位数最少，仅为二位有效位数，因此，各数值均应暂时保留三位有效位数进行运算：$14.131 \times 0.07654 \div 0.78 = 14.1 \times 0.0765 \div 0.78 = 1.08 \div 0.78 = 1.38$。

2.4.2 可疑数据的取舍

如发现在测定过程中有明显的系统误差和过失误差，则由此而得到的实验数据与正常数据不属于统计学中的统一分布总体，应在数据处理时予以剔除，因此这些监测数据明显歪曲实验结果，属于离散数据。正常测定所得数据总有一定分散性，如有个别数据偏离均值较大，可能使检测结果被歪曲，因而被怀疑为离散数据，称为可疑数据。剔除可疑数据后，检测结果的精密度提高，但是否应该被剔除，不能只凭感觉判断。一个可疑数据是取还是舍，应该用统计学的方法进行判断，即进行离散数据的统计学检验。

可疑数据检验是基于一个基本假设：被检验的一组数据来自同一个正态分布的总体，给定一个置信水平 $(1-\alpha)$，根据 $(1-\alpha)$ 和样容量确定一个合理的误差限度，即统计检验的临界值，如有 $(1-\alpha)$ 以上的置信度认为该数据不属于随机误差的范围，应舍去，否则应保留。

1. 狄克逊（Dixon）检验法

一组检测数据的个数称为样本容量 (n)，将样本中各个单元值按数值大小排序，则可疑值不是最小值 x_1，就是最大值 x_n。可疑数据的检验公式的选取决定于样本容量及可疑值（最大值或最小值）。狄克逊检验法适用于一组测量值。

检验步骤：

（1）将一组测量数据从小到大顺序排列为 x_1，x_2，$\cdots x_n$，x_1 和 x_n 分别为最小可疑值和最大可疑值；

（2）按表 2-1 计算 Q 值；

（3）根据给定的显著性水平 (α) 和样本容量 (n)，从表 2-2 查得临界值 (Q_α)；

（4）若 $Q \leqslant Q_{0.05}$，则可疑值为正常值；

若 $Q_{0.05} < Q \leqslant Q_{0.01}$，则可疑值为偏离值；

若 $Q > Q_{0.01}$，则可疑值为离群值。

狄克逊检验统计量 Q 计算公式　　　　　　　表 2-1

n 值范围	可疑值为最小值 x_1 时	可疑值为最大值 x_n 时	n 值范围	可疑值为最小值 x_1 时	可疑值为最大值 x_n 时
3～7	$Q = \dfrac{x_2 - x_1}{x_n - x_1}$	$Q = \dfrac{x_n - x_{n-1}}{x_n - x_1}$	11～13	$Q = \dfrac{x_3 - x_1}{x_{n-1} - x_1}$	$Q = \dfrac{x_n - x_{n-2}}{x_n - x_2}$
8～10	$Q = \dfrac{x_2 - x_1}{x_{n-1} - x_1}$	$Q = \dfrac{x_n - x_{n-1}}{x_n - x_2}$	14～25	$Q = \dfrac{x_3 - x_1}{x_{n-2} - x_1}$	$Q = \dfrac{x_n - x_{n-2}}{x_n - x_3}$

狄克逊检验临界值（Q_α） 表 2-2

n	显著性水平（α）		n	显著性水平（α）	
	0.05	0.01		0.05	0.01
3	0.941	0.988	15	0.525	0.616
4	0.765	0.889	16	0.507	0.595
5	0.642	0.780	17	0.409	0.577
6	0.560	0.698	18	0.475	0.561
7	0.507	0.637	19	0.462	0.547
8	0.554	0.683	20	0.450	0.535
9	0.512	0.635	21	0.440	0.524
10	0.477	0.597	22	0.430	0.514
11	0.576	0.679	23	0.421	0.505
12	0.546	0.642	24	0.413	0.479
13	0.521	0.615	25	0.406	0.489
14	0.546	0.641			

显著性水平 $\alpha=0.05$ 是以出现概率不小于 0.95，来作为判断数据是否显著的界限，表中相应数据为出现几率恰好为 0.95 时的 Q 值（即 Q_α），小于该 Q_α 值的数据表明出现几率高于 0.95。同理，$\alpha=0.01$ 是指出现几率为 0.99。根据判定规则可知，是以显著性水平 $\alpha=0.05$（置信水平 0.95）作为是否为正常值的判据。

【例 2-8】 用 AAS 法测定溶液中铅的一组数据为：1.92、2.00、2.01、2.02、2.03、2.04。检验最小值 1.92 是否为离散群值？

解：检验最小值 $x_1=1.92$，$n=6$，$x_2=2.00$，$x_n=2.04$

$$Q=\frac{x_2-x_1}{x_n-x_1}=\frac{2.00-1.92}{2.04-1.92}=0.667$$

查表 2-2，当 $n=6$，给定显著性水平 $\alpha=0.05$ 时，$Q_{0.05}=0.560$，

给定显著性水平 $\alpha=0.01$ 时，$Q_{0.01}=0.698$。

$Q_{0.05}<Q=0.667<Q_{0.01}$，故最小值 1.92 为非正常值，如果要求显著性水平 $\alpha=0.05$，则应予剔除。如果要求显著性水平 $\alpha=0.01$，则应予保留。

【例 2-9】 重复观测某电阻器测量值，共 $n=10$ 次，10 次结果从小到大排为：10.0003、10.0004、10.0004、10.0005、10.0005、10.0005、10.0006、10.0006、10.0007、10.0012。请判定是否存在异常值（$\alpha=0.05$）？

解：测量次数 $n=10$，显著性水平 $\alpha=0.05$

$$Q_{10}=\frac{x_{10}-x_9}{x_{10}-x_2}=\frac{10.0012-10.0007}{10.0012-10.0004}=0.625$$

$$Q_1=\frac{x_2-x_1}{x_9-x_1}=\frac{10.0004-10.0003}{10.0007-10.0003}=0.25$$

查表 2-2，当 $n=10$，给定显著性水平 $\alpha=0.05$ 时，$Q_{0.05}=0.477$

$Q_{10}=0.625>Q_{0.05}$，故最大值 10.0012 为非正常值，应予剔除。

$Q_1=0.25<Q_{0.05}$，故最小值 10.0003 为正常值，应予保留。

2. G 检验法（格鲁勃斯检验法）

格鲁勃斯检验法（Grubbs）适用于检验多组测量值的一致性和剔除离群均值。
也可用于检验一组测量值一致性和剔除一组测量值的离群值。

检验步骤：

（1）有 m 组测定值，每组 n 个测定值的均值分别为 $\overline{x_1}$，$\overline{x_2}$，…，$\overline{x_i}$，…，$\overline{x_m}$，其中最大均值记为 $\overline{x}_{max}$，最小均值记为 $\overline{x}_{min}$；

（2）由 n 个均值计算总均值（$\overline{\overline{x}}$）和均值标准偏差（$s_{\overline{x}}$）：

$$\overline{\overline{x}}=\frac{1}{m}\sum_{i=1}^{m}\overline{x}_i，\quad s_{\overline{x}}=\sqrt{\frac{1}{m-1}\sum_{i=1}^{m}(\overline{x}_1-\overline{\overline{x}})^2} \tag{2-17}$$

（3）可疑均值为最大值（$\overline{x}_{max}$）或最小值（$\overline{x}_{min}$）时，按式(2-18)计算统计量（G）：

$$G=\frac{|\overline{x}_{max}-\overline{\overline{x}}|}{s_{\overline{x}}}，\quad 或 G=\frac{|\overline{x}_{min}-\overline{\overline{x}}|}{s_{\overline{x}}} \tag{2-18}$$

（4）根据测定值组数和给定的显著性水平（α），从表 2-3 中查得临界值（G_a）；

若 $G\leqslant G_{0.05}$，则可疑均值为正常均值；

若 $G_{0.05}<G\leqslant G_{0.01}$，则可疑均值为偏离均值；

若 $G>G_{0.01}$，则可疑均值为离群均值，应予剔除，即剔除含有该均值的一组数据。

注意：如果只检验一组测定值的可疑值时，$\overline{\overline{x}}$，$s_{\overline{x}}$，$\overline{x}_{max}$，$\overline{x}_{min}$ 分别由这组数据的 $\overline{x}$，s，x_{max}，x_{min} 代替即可。

格鲁勃斯检验临界值（G_a） 表 2-3

m	显著性水平		m	显著性水平	
	0.05	0.01		0.05	0.01
3	1.153	1.155	15	2.409	2.705
4	1.463	1.492	16	2.443	2.747
5	1.672	1.749	17	2.475	2.785
6	1.822	1.944	18	2.504	2.821
7	1.938	2.097	19	2.532	2.854
8	2.032	2.221	20	2.557	2.884
9	2.110	2.322	21	2.580	2.912
10	2.176	2.410	22	2.603	2.939
11	2.234	2.485	23	2.624	2.963
12	2.285	2.050	24	2.644	2.987
13	2.331	2.607	25	2.663	3.009
14	2.371	2.659			

【例 2-10】 10 个实验室分析同一样品，各实验室 5 次测定的平均值按大小顺序为：4.41、4.49、4.50、4.51、4.64、4.75、4.81、4.95、5.01、5.39，用格鲁勃斯检验法检

验最大均值 5.39 是否为离群均值。

解：
$$\bar{\bar{x}} = \frac{1}{10} \sum_{i=1}^{10} \bar{x}_i = 4.746$$

$$s_{\bar{x}} = \sqrt{\frac{1}{10-1} \sum_{i=1}^{10} (\bar{x}_i - \bar{\bar{x}})^2} = 0.305$$

$$\bar{x}_{max} = 5.39$$

则：
$$统计量 G = \frac{\bar{x}_{max} - \bar{\bar{x}}}{s_{\bar{x}}} = \frac{5.39 - 4.746}{0.305} = 2.11$$

当 $m = 10$，给定显著性水平 $\alpha = 0.05$ 时，查表 2-3 得临界值 $G_{0.05} = 2.176$。因 $G < G_{0.05}$，故 5.39 为正常值，即均值为 5.39 的一组测定值为正常数据。

3. t 值检验法

t 值检验法检验离群值所用统计量为

$$t = \frac{|x_d - \bar{x}|}{s'} \tag{2-19}$$

式中：x_d 可疑值，$\bar{x}'$ 和 s' 为 n 个测量值中去掉可疑值 x_d 后的平均值和标准偏差，即

$$\bar{x}' = \frac{1}{n-1} \sum_{i=1}^{n-1} X_i \qquad (i \neq d) \tag{2-20}$$

$$s' = \sqrt{\frac{1}{n-1-1} \sum_{i=1}^{n-1} (x_i - \bar{x}')^2} \qquad (i \neq d) \tag{2-21}$$

t 临界值 $t(\alpha, n)$ 从表 2-4 中查找，自由度 $n' = n - 1$。

判定规则：

若 $t \leqslant t_{0.05}$，则可疑值为正常均值；

若 $t_{0.05} < t \leqslant t_{0.01}$，则可疑值为偏离均值；

若 $t > t_{0.01}$，则可疑均值为离群均值，应予剔除。

从分析检验方法的原理可以看出，t 值检验法由于排除了可疑值，标准差变小，增加了检验统计量（t 值），因此方法偏严；狄克逊检验法是极差比法，方法偏松；三种方法中，格鲁勃斯检验法的严格程度适中。

【例 2-11】 10 个实验室分析同一样品，各实验室 5 次测定的平均值按大小顺序为：4.41、4.49、4.50、4.51、4.64、4.75、4.81、4.95、5.01、5.39，用 t 值检验法检验最大均值 5.39 是否为离群均值。

解：
$$n' = 10 - 1 = 9$$

$$\bar{x}' = \frac{1}{10-1} \sum_{i=1}^{9} X_i = \frac{42.07}{9} = 4.674（不包括 5.39）$$

$$s' = \sqrt{\frac{1}{10-1-1} \sum_{i=1}^{9} (x_i - \bar{x}')^2} = 0.224$$

$$t = \frac{|x_d - \bar{x}'|}{s'} = \frac{5.39 - 4.674}{0.224} = 3.196$$

查表 2-4，$t=3.196<t_{0.01(9)}=3.25$，所以最大均值为 5.39 的一组测定值为正常数据，应保留。

自由度(n')	p（双侧概率）				
	0.200	0.100	0.050	0.020	0.010
1	3.078	6.31	12.71	31.82	63.66
2	1.89	2.92	4.3	6.96	9.92
3	1.64	2.35	3.18	4.54	5.84
4	1.53	2.13	2.78	3.75	4.60
5	1.84	2.02	2.57	3.37	4.03
6	1.44	1.94	2.45	3.14	3.71
7	1.41	1.89	2.37	3.00	3.50
8	1.40	1.86	2.31	2.90	3.36
9	1.38	1.83	2.26	2.82	3.25
10	1.37	1.91	2.23	2.76	3.17
11	1.36	1.80	2.20	2.72	3.11
12	1.36	1.78	2.18	2.86	3.05
13	1.35	1.77	2.16	2.65	3.01
14	1.35	1.76	2.14	2.62	2.98
15	1.34	1.75	2.13	2.60	2.95
16	1.34	1.75	2.12	2.58	2.92
17	1.33	1.74	2.11	2.57	2.90
18	1.33	1.73	2.10	2.55	2.88
19	1.33	1.73	2.09	2.54	2.86
20	1.33	1.72	2.09	2.53	2.85
21	1.32	1.72	2.08	2.52	2.83
22	1.32	1.72	2.07	2.51	2.82
23	1.32	1.71	2.07	2.50	2.81
24	1.32	1.71	2.06	2.49	2.80
25	1.32	1.71	2.06	2.49	2.79
26	1.31	1.71	2.06	2.48	2.78
27	1.31	1.70	2.05	2.47	2.77
28	1.31	1.70	2.05	2.47	2.76
29	1.31	1.70	2.05	2.46	2.76
30	1.31	1.70	2.04	2.46	2.75
自由度(n')	p（单侧概率）				
40	1.30	1.68	2.02	2.42	2.70
60	1.30	1.67	2.00	2.39	2.66
120	1.29	1.66	1.98	2.36	2.62
∞	1.28	1.64	1.96	2.33	2.58
自由度(n')	0.100	0.050	0.020	0.010	0.005
	p（单侧概率）				

t 值表　　　　　　　　　　　　　　　　　　　　　　表 2-4

■ 2.5　检测结果的统计检验

检测结果均值之间的显著性检验，都可以通过 t 检验来判断，判断是否达到"显著性"的标准，是指两均值之差异出现的概率（P）是否 $\geqslant 0.05$。

①实验室对标准样实际测定结果的均值与标准物的保证值（标示含量）之间是否存在显著差异？

②新研究的或新选用的分析方法与现用的标准方法同测一个样品，二者各自所测结果均值是否存在显著差异？

③同一样品由两个人分别检测，或是两个实验室分别检测，两个结果的均值是否存在显著差异？

步骤：

①计算均值标准偏差 $s_{\bar{x}}$，等于样本的标准偏差 s 与样本容量平方根 $\sqrt{n}$ 的比值：

$$s_{\bar{x}} = \frac{s}{\sqrt{n}} \tag{2-22}$$

②计算 t 值，t 值等于样本均值与总体均值之差对均值标准差的比值：

$$t = \frac{\bar{x} - \mu}{s_{\bar{x}}} \tag{2-23}$$

③查出 t 值（表 2-4），样本容量的自由度 $n' = n - 1$。

④比较计算值和查得值的大小，t 值检验的判断规则：

当 $t < t_{0.05(n')}$，即 $P > 0.05$，无显著差别；

当 $t_{0.05(n')} \leqslant t < t_{0.01(n')}$ 即 $0.01 < P \leqslant 0.05$，有较明显的差别；

当 $t \geqslant t_{0.01(n')}$，即 $P < 0.01$，有显著差别。

2.5.1　样本均值与总体均值差别的检验

通过检验标准物的含量来判断检验方法的准确度时，其总体均值就可以用标准物的保证值来代替。

【例 2-12】　某土壤标准样标示的镉保证值为 1.43mg/kg，用 AAS 法测定 10 次的平均值为 1.47mg/kg，标准偏差为 0.0292，检验测定结果均值与保证值之间有无显著性差异？

解：　$\mu = 1.43$mg/kg，$\bar{x} = 1.47$mg/kg，$n = 10$，$n' = 10 - 1 = 9$，$s = 0.0292$

$$s_{\bar{x}} = \frac{s}{\sqrt{n}} = \frac{0.0292}{\sqrt{10}} = 0.00923, \quad t = \frac{\bar{x} - \mu}{s_{\bar{x}}} = \frac{1.47 - 1.43}{0.00923} = 4.33$$

查表 2-4，得 $t_{0.01(9)} = 3.25$，$t = 4.33 > 3.25$，则 $p < 0.01$，即检验均值与保证值之间存在显著性差异，检测方法应改进。

2.5.2　两种检测方法的显著性检验

检验两种分析方法或两个操作者分析结果之间有无显著性差异，应该计算两者之间差值的平均值和标准偏差，其总体均值等于零。

【例 2-13】　用修改后的方法和原标准方法分析同一空气样品中环氧氯丙烷的浓度（mg/m³），结果列于表 2-5 中，问用修改后的方法与原标准方法测定结果有无显著性差异？

样本编号	标准法结果 (1)	修改法结果 (2)	差数 x (1)-(2)	x^2
1	3.55	2.45	1.10	1.2100
2	2.00	2.40	-0.40	0.1600
3	3.00	1.80	1.20	1.4400
4	3.95	3.20	0.75	0.5625
5	3.80	3.25	0.55	0.3025
6	3.75	2.70	1.05	1.1025
7	3.45	2.50	0.95	0.9025
8	3.05	1.75	1.30	1.6900
			$\sum x = 6.50$	$\sum x^2 = 7.3700$

解：

$$n = 8, \quad \bar{x} = \frac{\sum x}{n} = \frac{6.5}{8} = 0.8125 \text{mg/m}^3$$

$$s = \sqrt{\frac{\sum x^2 - \frac{(\sum x)^2}{n}}{n-1}} = \sqrt{\frac{7.3700 - \frac{6.50^2}{8}}{8-1}} = 0.5463 \text{mg/m}^3$$

$$s_{\bar{x}} = \frac{s}{\sqrt{n}} = \frac{0.5463}{\sqrt{8}} = 0.1931 \text{mg/m}^3$$

$$t = \frac{\bar{x} - \mu}{s_{\bar{x}}} = \frac{0.8125 - 0}{0.1931} = 4.208$$

查表 2-4 得，$t_{0.05(7)} = 2.37$，$t_{0.01(7)} = 3.50$，$t = 4.208 > 3.50$，修改后的方法与原方法的测定结果存在显著性。

2.6　检测数据处理

检测数据处理，就是以测量为手段，以研究对象的概念、状态为基础，以数学运算为工具，推断出某量值的真值，并导出某些具有规律性结论的整个过程。因此对检测数据进行处理，可清楚地观察到各变量之间的定量关系，以便进一步分析实验现象，得出规律，指导生产与设计。

检测数据处理的方法有三种：列表法、图示法和数学方程法。

2.6.1　列表法

将检测数据按自变量和因变量的关系，以一定的顺序列出数据表，即为列表法。列表法有许多优点，如为了不遗漏数据，原始数据记录表会给数据处理带来方便；列出数据使数据容易比较；形式紧凑；同一表格内可以表示几个变量间的关系等。列表通常是整理数据的第一步，为标绘曲线图或整理成数学公式打下基础。

1. 列表分类

检测数据表一般分为两大类：原始数据记录表和整理计算数据表。以阻力实验测定层流 $\lambda \sim Re$ 关系为例进行说明。

原始数据记录表是根据实验的具体内容而设计的，以清楚地记录所有待测数据。该表必须在实验前完成。层流阻力实验原始数据记录表如表 2-6 所示。

层流阻力实验原始数据记录表 表 2-6

实验装置编号：第___套 管径___m 管长___m 平均水温___℃ 实验时间___年___月___日

序号	水的体积 V(ml)	时间 t(s)	压差计示值			备注
			左(mm)	右(mm)	ΔR(mm)	
1						
2						
……						
n						

整理计算数据表可细分为中间计算结果表（体现出实验过程主要变量的计算结果）、综合结果表（表达实验过程中得出的结论）和误差分析表（表达实验值与参照值或理论值的误差范围）等，实验报告中要用到几个表，应根据具体实验情况而定。层流阻力实验整理计算数据见表 2-7，误差分析结果见表 2-8。

层流阻力实验整理计算数据表 表 2-7

序号	流量 V(m³s)	平均流速 u(m/s)	层流沿程损失值 $h_f/m H_2O$	$Re \times 10^{-2}$	$\lambda \times 10^{-2}$	$\lambda \sim Re$ 关系式
1						
2						
……						
n						

层流阻力实验误差分析结果表 表 2-8

层流	$\lambda_{实验}$	$\lambda_{理论}$	相对误差(%)

2. 设计检测数据表的注意事项

（1）表格设计要力求简明扼要，一目了然，便于阅读和使用。记录、计算项目要满足实验需要，如原始数据记录表格上方，要列出实验装置的几何参数以及平均水温等常数项。

（2）表头列出物理量的名称、符号和计算单位。符号与计量单位之间用斜线"/"隔开。斜线不能重叠使用。计量单位不宜混在数字之中，容易分辨不清。

（3）注意有效数字位数，即记录的数字应与测量仪表的准确度相匹配，不可过多或过少。

（4）物理量的数值较大或较小时，要用科学计数法表示。以"物理量的符号$\times 10^{\pm n}$/计量单位"的形式记入表头。注意：表头中的 $10^{\pm n}$ 与表中的数据应服从：物理量的实际值$\times 10^{\pm n}$＝表中数据。

（5）为便于引用，每一个数据表都应在表的上方写明表号和表题（表名）。表号应按出现的顺序编写，并在正文中有所交代。同一个表尽量不跨页，必须跨页时，在跨页的表上须注"续表×××"。

（6）数据书写要清楚整齐。修改时宜用单线将错误的划掉，将正确的写在下面。各种实验条件及作记录者的姓名可作为"表注"，写在表的下方。

2.6.2 图示法

检测数据图示法：就是将整理得到的检测数据或结果标绘成描述因变量和自变量的依从关系的曲线图。该法的优点是直观清晰，便于比较，容易看出数据中的极值点、转折点、周期性、变化率以及其他特性，准确的图形还可以在不知数学表达式的情况下进行微积分运算，因此得到广泛的应用。

实验曲线的标绘是检测数据整理的第二步，在工程实验中正确作图必须遵循如下基本原则，才能得到与实验点位置偏差最小而光滑的曲线图形。

1. 坐标纸的选择

（1）坐标系

常用的坐标系为直角坐标系、单对数坐标系和对数坐标系。

1）直角坐标系。两个坐标轴均是分度均匀的普通坐标轴。

2）单对数坐标系。一个轴是分度均匀的普通坐标轴，另一个轴是分度不均匀的对数坐标轴（图 2-2）。

3）双对数坐标系。两个坐标轴都是对数标度的坐标轴（图 2-3）。

（2）选用坐标纸的基本原则

1）直角坐标纸。变量 x、y 间的函数关系式为：$y=a+bx$，即为直线函数型，将变量 x、y 标绘在直角坐标纸上得到一直线图形，系数 a、b 不难由图上求出。

2）单对数坐标纸。在下列情况下，建议使用单对数坐标纸：

① 变量之一在所研究的范围内发生了几个数量级的变化。

② 在自变量由零开始逐渐增大的初始阶段，当自变量的少许变化引起因变量极大变化时，采用单对数坐标可使曲线最大变化范围伸长，使图形轮廓清楚。

③ 当需要变换某种非线性关系为线性关系时，可用单对数坐标。如将指数型函数变换为直线函数关系。

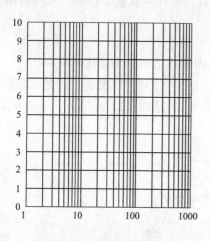

图 2-2　单对数坐标图

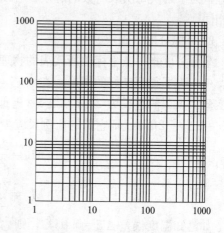

图 2-3　双对数坐标图

若变量 x、y 间存在指数函数型关系，则有：

$$y=ae^{bx}$$

式中 a、b 为待定系数。

在这种情况下，若把 x、y 数据在直角坐标纸上作图，所得图形必为一曲线。

若对上式两边同时取对数

则：$\log y = \log a + bx \log e$

令：$\log y = Y$，$b \log e = k$

则：$Y = \log a + kx$

经上述处理，变成了线性关系，以 $\log y = Y$ 对 x 在直角坐标纸上作图，其图形也是直线。为了避免对每一个检测数据 y 取对数的麻烦，可以采用单对数坐标纸。因此可以说把检测数据标绘在单对数坐标纸上，如为直线的话，其关联式必为指数函数型。

3) 双对数坐标纸

在下列情况下，建议使用双对数坐标纸：

① 变量 x、y 在数值上均变化了几个数量级。

② 需要将曲线开始部分划分成展开的形式。

③ 当需要变换某种非线性关系为线性关系时，例如幂函数。变量 x、y 若存在幂函数关系式，则有

$$y = ax^b$$

式中：a、b 为待定系数。

若直接在直角坐标系上作图，则为曲线，因此，把上式两边取对数

$$\log y = \log a + b \log x$$

令：$\log y = Y$，$\log x = X$

则：$Y = \log a + bX$

把检测数据 x、y 取对数 $\log x = X$、$\log y = Y$，在直角坐标线上作图也得一条直线。同理，为了解决每次取对数的麻烦，可以把 x、y 直接标在双对数坐标纸上，所得结果完全相同。

2. 坐标分度的确定

坐标分度指每条坐标轴所代表的物理量大小，即选择适当的坐标比例尺。

(1) 为了得到良好的图形，在 x、y 的误差 Δx、Δy 已知的情况下，比例尺的取法应使实验"点"的边长为 $2\Delta x$、$2\Delta y$（近似于正方形），而且使 $2\Delta x = 2\Delta y = 1 \sim 2\text{mm}$，若 $2\Delta x = 2\Delta y = 2\text{mm}$，则它们的比例尺应为：

$$M_y = \frac{2\text{mm}}{2\Delta y} = \frac{1}{\Delta y}\text{mm/y}$$

$$M_x = \frac{2\text{mm}}{2\Delta x} = \frac{1}{\Delta x}\text{mm/x}$$

如已知温度误差 $\Delta T = 0.05℃$，则

$$M_T = \frac{1\text{mm}}{0.05℃} = 20\text{mm/℃}$$

此时温度 1℃ 的坐标为 20mm 长，也可取 $2\Delta x = 2\Delta y = 1\text{mm/℃}$，此时 1℃ 的坐标为 10mm 长。

(2) 若测量数据的误差不知道，那么坐标的分度应与检测数据的有效数字大体相符，

即最适合的分度是使实验曲线坐标读数和检测数据具有同样的有效数字位数。其次，横、纵坐标之间的比例不一定取得一致，应根据具体情况选择，使实验曲线的坡度介于 $30°\sim 60°$ 之间，这样的曲线坐标读数准确度较高。

（3）推荐使用坐标轴的比例常数 $M=(1、2、5)\times 10^{\pm n}$（$n$ 为正整数），而 3、6、7、8、9 等的比例常数绝不可选用，因为后者的比例常数不但引起图形的绘制和实验麻烦，也极易引出错误。

3. 图示法应注意的事项

（1）对于两个变量的系统，习惯上选横轴为自变量，纵轴为因变量。在两轴侧要标明变量名称、符号和单位，如：离心泵特性曲线的横轴须标明：流量 Q，单位 m^3/h。

（2）坐标分度要适当，使变量的函数关系表现清楚。

对于直角坐标，原点不一定选为零点，应根据所标绘数据范围而定，其原点应移至比数据中最小者稍小一些的位置为宜，能使图形占满全幅坐标线为原则。

对于对数坐标，坐标轴刻度是按 1，2，…，10 的对数值大小划分的，其分度要遵循对数坐标的规律，当用坐标表示不同大小的数据时，只可将各值乘以 10^n（n 取正、负整数）而不能任意划分。对数坐标的原点不是零。在对数坐标上，1，10，100，1000 之间的实际距离是相同的，因为上述各数相应的对数值为 0，1，2，3，这在线性坐标上的距离相同。

（3）检测数据的标绘。若在同一张坐标纸上同时标绘几组测量值，则各组要用不同符号（如：○，△，×等）以示区别。若 n 组不同函数同绘在一张坐标纸上，则在曲线上要标明函数关系名称。

（4）图必须有图号和图题（图名），图号应按出现的顺序编写，并在正文中有所对应，必要时还应有图注。

（5）图线应光滑。利用曲线板等工具将各离散点连接成光滑曲线，并使曲线尽可能通过较多的实验点，或者使曲线以外的点尽可能位于曲线附近，并使曲线两侧的点数大致相等。

2.6.3 数学方程法

在实验研究中，除了用表格和图形描述变量间的关系外，还常常把检测数据整理成方程式，以描述过程或现象的自变量和因变量之间的关系，即建立数学模型。其方法是将检测数据绘制成曲线，与已知的函数关系式的典型曲线（线性方程、幂函数方程、指数函数方程、抛物线函数方程、双曲线函数方程等）进行对照选择，然后用图解法或者数值方法确定函数式中的各种常数。再通过检验加以确认所得函数表达式是否能准确地反映检测数据的函数关系。

1. 图解法

（1）数学方程式的选择

数学方程式选择的原则是：既要求形式简单，所含常数较少，同时也希望能准确地表达检测数据之间的关系，但要满足两者条件往往是难以做到的，通常是在保证必要的准确度的前提下，尽可能选择简单的线性关系或者经过适当方法转换成线性关系的形式，使数据处理工作得到简单化。

数学方程式选择的方法是：将检测数据标绘在普通坐标纸上，得一直线或曲线。如果是直线，则根据初等数学可知，$y=a+bx$，其中 a、b 值可由直线的截距和斜率求得。如果不是直线，也就是说，y 和 x 不是线性关系，则可将实验曲线和典型的函数曲线相对照，选择与实验曲线相似的典型曲线函数，然后用直线化方法处理，最后以所选函数与检测数据的符合程度加以检验。

直线化方法就是将函数 $y=f(x)$ 转化成线性函数 $Y=a+bX$ 的方法。常见函数的典型图形及线性化方法，见表 2-9。

（2）图解法求方程式中的常数

当方程式选定后，可用图解法求数学方程式中的常数。

1）幂函数的线性图解

幂函数 $y=ax^b$ 经线性化后，变为 $Y=\log a+bX$。

① 系数 b 的求法

系数 b 即为直线的斜率，如图 2-4 所示的 AB 线的斜率。在对数坐标上求取斜率方法与直角坐标上的求法不同。因为在对数坐标上标度的数值是真数而不是对数，因此，双对数坐标纸上直线的斜率需要用对数值来求算，或者在两坐标轴比例尺相同情况下直接用尺子在坐标纸上量取线段长度来求取。

$$b=\frac{\Delta y}{\Delta x}=\frac{\log y_2-\log y_1}{\log x_2-\log x_1} \tag{2-24}$$

式中：$\Delta y \Delta x$ 的数值即为尺子测量而得的线段长度。

② 系数 a 的求法

在双对数坐标上，直线 $x=1$ 处的纵轴相交处的 y 值，即为方程 $y=ax^b$ 中的 a 值。若所绘的直线在图面上不能与 $x=1$ 处的纵轴相交，则可在直线上任取一组数值 x 和 y（而不是取一组测定结果数据）和已求出的斜率 b，代入原方程 $y=ax^b$ 中，通过计算求得 a 值。

2）指数或对数函数的线性图解

当所研究的函数关系呈指数函数 $y=ae^{bx}$ 或对数函数 $y=a+b\log x$ 时，将检测数据标绘在单对数坐标纸上的图形是一直线。线性化方法见表 2-9 中的序号 3 和序号 6。

① 系数 b 的求法

对 $y=ae^{bx}$，线性化为 $Y=\log a+kx$，式中 $k=b\log e$，其纵轴为对数坐标，斜率为：

$$k=\frac{\log y_2-\log y_1}{x_2-x_1} \tag{2-25}$$

$$b=\frac{k}{\log e} \tag{2-26}$$

对 $y=a+b\log x$，横轴为对数坐标，斜率为：

$$b=\frac{y_2-y_1}{\log x_2-\log x_1} \tag{2-27}$$

② 系数 a 的求法

系数 a 的求法与幂函数中所述方法基本相同，可用直线上任一点处的坐标值和已经求出的系数 b 代入函数关系式后求解。

序号	图形	函数及线性化方法
1	(b>0)　　　(b<0)	双曲线函数　$y=\dfrac{x}{ax+b}$ 令 $Y=\dfrac{1}{y}$，$X=\dfrac{1}{x}$， 则得直线方程 $Y=a+bX$
2		S 形曲线　$y=\dfrac{1}{a+be^{-x}}$ 令 $Y=\dfrac{1}{y}$，$X=e^{-x}$，则得直线方程 $Y=a+bX$
3	(b<0)　　　(b>0)	指数函数　$y=ae^{bx}$ 令 $Y=\lg y$，$X=x$，$k=b\lg e$， 则得直线方程 $Y=\lg a+kX$
4	(b>0)　　　(b<0)	指数函数　$y=ae^{\frac{b}{x}}$ 令 $Y=\lg y$，$X=\dfrac{1}{x}$，$k=b\lg e$， 则得直线方程 $Y=\lg a+kX$
5	$b>1$　$b=1$　$0<b<1$　(b>0)　　$-1<b<0$　$b=-1$　$b<-1$　(b<0)	幂函数　$y=ax^{b}$ 令 $Y=\lg y$，$X=\lg x$， 则得直线方程 $Y=\lg a+bX$
6	(b>0)　　　(b<0)	对数函数　$y=a+b\lg x$ 令 $Y=y$，$X=\lg x$， 则得直线方程 $Y=a+bX$

3）二元线性方程的图解

若实验研究中，所研究对象的物理量是一个因变量与两个自变量，它们必呈线性关系，则可采用以下函数式表示：

$$y = a + bx_1 + cx_2 \qquad (2\text{-}28)$$

在图解此类函数式时，应首先令其中一自变量恒定不变，例如使 x_1 为常数，则上式可改写成：

$$y = d + cx_2 \qquad (2\text{-}29)$$

式中：$d = a + bx_1 = \text{const}$

由 y 与 x_2 的数据可在直角坐标中标绘出一条直线，如图 2-5(a) 所示。采用上述图解法即可确定 x_2 的系数 c。

在图 2-5(a) 中直线上任取两点 $e_1(x_{21}, y_1)$，

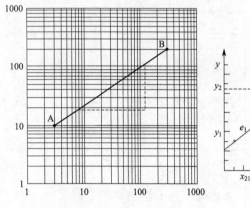

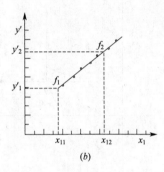

图 2-4　求取线段 AB 效率示意图　　　图 2-5　二元线性方程图解示意图

$e_2(x_{22}, y_2)$，则有：

$$c = \frac{y_2 - y_1}{x_{22} - x_{21}} \qquad (2\text{-}30)$$

当 c 求得后，将其代入式(2-30) 中，并将式(2-30) 重新改写成以下形式：

$$y - cx_2 = a + bx_1 \qquad (2\text{-}31)$$

令 $y' = y - cx_2$ 于是可得一新的线性方程：

$$y' = a + bx_1 \qquad (2\text{-}32)$$

由检测数据 y，x_2 和 c 计算得 y'，由 y' 与 x_1 在图 2-5(b) 中标绘其直线，并在该直线上任取 $f_1(x_{11}, y_1')$ 及 $f_2(x_{12}, y_2')$ 两点。由 f_1，f_2 两点即可确定 a、b 两个常数。

$$b = \frac{y_2' - y_1'}{x_{12} - x_{11}} \qquad (2\text{-}33)$$

$$a = \frac{y_1' x_{12} - y_2' x_{11}}{x_{12} - x_{11}} \qquad (2\text{-}34)$$

应该指出，在确定 b、a 时，其自变量 x_1，x_2 应同时改变，才能使其结果覆盖整个实验范围。

（3）联立方程法求方程式中的常数

又称"平均值法"，仅适用于检测数据精度很高的条件下，即实验点与理想曲线偏离较小，否则所得函数将毫无意义。

平均值法定义：选择能使其同各测定值偏差的代数和为零的那条曲线为理想曲线。

具体做法：

选择适宜的经验方程式：$y=f(x)$，建立求待定常数和系数的方程组。

现假定画出的理想曲线为直线，其方程式为 $y=a+bx$，设测定值为 x_i、y_i，将 x_i 代入上式，所得的 y 值为 y_i'，即 $y_i'=a+bx_i$，而 $y_i=a+bx_i$，所以应该是 $y_i'=y_i$。然而，一般由于测量误差，实测点偏离直线，使 $y_i' \neq y_i$。若设 y_i 和 y_i' 的偏差为 Δ_i，则

$$\Delta_i = y_i - y_i' = y_i - (a+bx) \tag{2-35}$$

若引入使这个偏差值的总和为零的直线，设测定值的个数为 N：

$$\sum \Delta_i = \sum y_i - Na - b\sum x_i = 0 \tag{2-36}$$

定出 a、b，则以 a、b 为常数和系数的直线即为所求的理想直线。

由于式(2-36)含有两个未知数 a 和 b，所以需将测定值按检测数据的次序分成相等或近似相等的两组，分别建立相应的方程式，然后联立方程，解得 a、b。

【例 2-14】 根据转子流量计标定时得到的读数与流量关系值（表 2-10），求实验数学方程。

读数与流量的关系　　　　　　　　　　　　　　　　　　　　　表 2-10

读数 x[格]	0	2	4	6	8	10	12	14	16
流量 y(m³/h)	30.00	31.25	32.58	33.71	35.01	36.20	37.31	38.79	40.04

解： 把数据分成 A、B 两组，前面 5 对 x、y 为 A 组，后面 4 对 x、y 为 B 组。

$(\sum x)_A = 0+2+4+6+8 = 20$

$(\sum y)_A = 30.00+31.25+32.58+33.71+35.01 = 162.55$

$(\sum x)_B = 10+12+14+16 = 52$

$(\sum y)_B = 36.20+37.31+38.79+40.04 = 152.34$

把这些数值代入式(2-34)

$$\begin{cases} 162.55 - 5a - 20b = 0 \\ 152.34 - 5a - 52b = 0 \end{cases}$$

联立求解得：$a = 30.0$，$b = 0.620$

所得直线方程为：$y = 30.0 + 0.620x$

平均值法在检测数据精度不高的情况下不可使用，比较准确的方法是采用最小二乘法。

2. 回归分析法

用图解法可以获得数学方程，尽管图解法有很多优点，但它的应用范围毕竟很有限。在寻求检测数据的变量关系间的数学模型时，最广泛的一种数学方法是回归分析法。用这种数学方法可以从大量观测的散点数据中，寻找到能反映事物内部的一些统计规律，并可以用数学模型表达出来。运用计算机将检测数据结果回归为数学方程已成为检测数据处理的主要手段。

回归分析就是对具有相互联系的现象，根据其关系的形态，选择一个合适的数学模

式，用来近似地表达变量间的平均变化关系，这个数学模式就是回归方程。回归也称拟合，对具有相关关系的两个变量，若用一条直线描述，则称一元线性回归，用一条曲线描述，则称一元非线性回归。对具有相关关系的三个变量，其中一个因变量、两个自变量，若用平面描述，则称二元线性回归，用曲面描述，则称二元非线性回归。依次类推，可以延伸到 n 维空间进行回归，则称多元线性回归或多元非线性回归。处理实验问题时，往往将非线性问题转化为线性来处理。

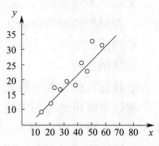

图 2-6　一元线性回归示意图

在安全检测中，需要求得被测组分浓度与响应信号之间的线性回归方程，来作为计算样品浓度的公式。

（1）一元线性回归方程的求法

在科学实验的数据统计方法中，通常要从获得的检测数据 $(x_i, y_i, i=1,2,\cdots,n)$ 中，寻找其自变量 x_i 与因变量 y_i 之间函数关系 $y=f(x)$。

设给定 n 个实验点 (x_1, y_1)，(x_2, y_2)，$\cdots$，(x_n, y_n)，其离散点图如图 2-6 所示。于是可以利用一条直线来代表它们之间的关系

$$y=ax+b \tag{2-37}$$

式中，a、b 为回归系数，a 为方程的斜率，b 为截距；x 代表标准物质浓度；y 为响应值，如分光光度法中的吸光度、荧光分析中的荧光强度、极谱分析中的电流等。

上述回归方程可根据最小二乘法来建立。即首先测定一系列 x_1，x_2，$\cdots$，x_n（如溶液浓度）和相对应的 y_1，y_2，$\cdots$，y_n（如吸光度），然后按下式求常数 a 和 b。

$$a=\frac{n\sum xy-\sum x\sum y}{n\sum x^2-(\sum x)^2} \tag{2-38}$$

$$b=\frac{\sum x^2\sum y-\sum x\sum xy}{n\sum x^2-(\sum x)^2} \tag{2-39}$$

为使结果准确，实际做校准曲线时，每个浓度要做个平行标样，去平均值带入式(2-37) 计算。

（2）回归效果的检验

检测数据变量之间的关系具有不确定性，一个变量的每一个值对应的是整个集合值。当 x 改变时，y 的分布也以一定的方式改变。在这种情况下，变量 x 和 y 间的关系就称为相关关系。

在以上求回归方程的计算过程中，并不需要事先假定两个变量之间一定有某种相关关系。就方法本身而论，即使平面图上是一群完全杂乱无章的离散点，也刻意用最小二乘法给其配一条直线来表示 x 和 y 之间的关系，就显得毫无意义。只有两变量是线性关系时，进行线性回归才有意义。因此，必须对回归效果进行检验。

① 相关系数

相关系数 r 是说明两个变量关系密切程度的一个数量性指标。相关系数 r 的计算式为：

$$r=\frac{\sum(x_i-\bar{x})(y_i-\bar{y})}{\sqrt{\sum(x_i-\bar{x})^2\sum(y_i-\bar{y})^2}} \tag{2-40}$$

r 的变化范围为 $-1\leqslant r\leqslant 1$，其正、负号取决于 $\sum(x_i-\bar{x})(y_i-\bar{y})$，与回归直线方

程的斜率 b 一致。r 的几何意义可用图 2-7 来说明。

当 $r=\pm1$ 时，即 n 组实验值 (x_i, y_i)，全部落在直线 $y=a+bx$ 上，此时称完全相关，如图 2-7(d) 和 (e) 所示。

当 $0<|r|<1$ 时，代表绝大多数的情况，这时 x 与 y 存在着一定线性关系。当 $r>0$ 时，散点图的分布是 y 随 x 增加而增加，此时称 x 与 y 正相关，如图 2-7(b) 所示。当 $r<0$ 时，散点图的分布是 y 随 x 增加而减少，此时称 x 与 y 负相关，如图 2-7(c) 所示。$|r|$ 越小，散点离回归线越远，越分散。当 $|r|$ 越接近 1 时，即 n 组实验值 (x_i, y_i) 越靠近 $y=a+bx$，变量与 x 之间的关系越接近于线性关系。

当 $r=0$ 时，变量之间完全没有线性关系，如图 2-7(a) 所示。应该指出，没有线性关系，并不等于不存在其他函数关系，如图 2-7(f) 所示。

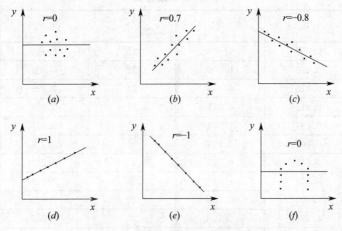

图 2-7　相关系数的几何意义图

② 显著性检验

如上所述，相关系数 r 的绝对值愈接近 1，x、y 间愈线性相关。但究竟 $|r|$ 接近到什么程度才能说明 x 与 y 之间存在线性相关关系呢？这就有必要对相关系数进行显著性检验。只有当 $|r|$ 达到一定程度才可以采用回归直线来近似地表示 x、y 之间的关系，此时可以说明相关关系显著。一般来说，相关系数 r 达到使相关显著的值与检测数据的个数 n 有关。因此只有 $|r|>r_{min}$ 时，才能采用线性回归方程来描述其变量之间的关系。r_{min} 值可以从表 2-10 中查出。利用该表可根据实验点个数 n 及显著水平系数 α 查出相应的 r_{min}。显著水平系数 α 一般可取 1% 或 5%。

【例 2-15】　根据转子流量计标定时得到的读数与流量关系值，求实验数学方程。

读数与流量关系值　　　　　　　　　　　　　　　　　表 2-11

读数 x[格]	0	2	4	6	8	10	12	14	16
流量 y[m³/h]	30.00	31.25	32.58	33.71	35.01	36.20	37.31	38.79	40.04

在转子流量计标定中，$n=9$，则 $n-2=7$，查表 2-10 得：

$\alpha=0.01$ 时，$r_{min}=0.798$；$\alpha=0.05$ 时，$r_{min}=0.666$

当实验 $|r|\geqslant0.798$，则说明该线性相关关系在 $\alpha=0.01$ 水平上显著。

当实验 $0.789 \geqslant |r| \geqslant 0.666$ 时，则说明该线性相关关系在 $\alpha = 0.05$ 水平上显著。

当实验的 $|r| \leqslant 0.666$，则说明相关关系不显著，x、y 线性不相关，配回归直线毫无意义。

【例 2-16】 求转子流量计标定实验的实际相关系数 r。

解：$\overline{x} = 8$，$\overline{y} = 34.9878$，$\sum(x_i - \overline{x})(y_i - \overline{y}) = 149.46$

$\sum(x_i - \overline{x})^2 = 240$，$\sum(y_i - \overline{y})^2 = 93.12$

$$r = \frac{\sum(x_i - \overline{x})(y_i - \overline{y})}{\sqrt{\sum(x_i - \overline{x})^2 \sum(y_i - \overline{y})^2}} = \frac{149.46}{\sqrt{240 \times 93.12}} = 0.99976 \geqslant 0.798$$

说明相关系数在 $\alpha = 0.01$ 的水平仍然是高度显著的。

相关系数检验表 表 2-12

r_{min} \ α	0.05	0.01	r_{min} \ α	0.05	0.01
1	0.997	1.000	21	0.413	0.526
2	0.950	0.990	22	0.404	0.515
3	0.878	0.959	23	0.396	0.505
4	0.811	0.917	24	0.388	0.496
5	0.754	0.874	25	0.381	0.487
6	0.707	0.834	26	0.374	0.478
7	0.666	0.798	27	0.367	0.470
8	0.632	0.765	28	0.361	0.463
9	0.602	0.735	29	0.355	0.456
10	0.576	0.708	30	0.349	0.449
11	0.553	0.684	35	0.325	0.418
12	0.532	0.661	40	0.304	0.393
13	0.514	0.641	45	0.288	0.272
14	0.497	0.623	50	0.273	0.354
15	0.482	0.606	60	0.250	0.325
16	0.468	0.590	70	0.232	0.302
17	0.456	0.575	80	0.217	0.283
18	0.444	0.561	90	0.205	0.267
19	0.433	0.549	100	0.195	0.254
20	0.423	0.537	200	0.138	0.181

【例 2-17】 用分光光度法测某标准系列溶液得到数据，试对吸光度（A）和浓度（c）回归直线方程。

浓度与吸光度的关系 表 2-13

浓度(c)	0.020	0.040	0.060	0.080	0.100	0.120
吸光度(A)	0.125	0.187	0.268	0.359	0.435	0.511

解：设浓度为 x，吸光度为 y

$\sum x = 0.420$，$\sum y = 1.90$，$n = 6$，$\sum x^2 = 0.0364$，$\sum xy = 0.160$

$$a=\frac{6\times0.160-0.420\times1.90}{6\times0.0364-(0.420)^2}=3.86$$

$$b=\frac{0.0364\times1.90-0.420\times0.160}{6\times0.0364-(0.420)^2}=0.047$$

回归方程为：$y=3.86x+0.047$

【例 2-18】 阳极溶出伏安法测汞，制作标准曲线时得表 2-14 所示数据。具体数据求回归方程和相关系数，并作显著性检验。

			具体数据			表 2-14	
x(c,ng/mL)	0.50	10	20	40	60	80	100
y(ip,Aμ)	2.12	42.92	93.34	172.90	280.46	360.02	463.8

解：$n=7$，$\sum x=310.5$，$\sum y=1415.34$，$\sum x^2=22100.25$，$\sum y^2=463632.01$，$\sum xy=101200.26$

$$a=\frac{n\sum xy-\sum x\sum y}{n\sum x^2-(\sum x)^2}=4.614$$

$$b=\frac{\sum x^2\sum y-\sum x\sum xy}{n\sum x^2-(\sum x)^2}=-2.549$$

回归方程：$y=4.614x-2.459$

$$r=\frac{\sum(x_i-\bar{x})(y_i-\bar{y})}{\sqrt{\sum(x_i-\bar{x})^2\sum(y_i-\bar{y})^2}}=0.9994$$

由此可知，x 与 y 几乎完全正相关。

显著性检验：

$$t=|r|\sqrt{\frac{n-2}{1-\gamma^2}}=0.9994\sqrt{\frac{7-2}{1-(0.9994)^2}}=64.52$$

因本例是正相关，用单侧检验，查表 2-4 得：$t_{0.01(5)}$单侧$=3.37$，$T=64.52\gg3.37=t_{0.01(5)}$，所以相关关系有非常显著意义。

思 考 题

1. 安全检测中，质量控制的作用是什么，质量控制包括哪些内容？
2. 误差和偏差有什么区别？
3. 可疑数据的取舍方法有哪些？
4. 精确度和准确度有什么关系？
5. 怎样对检测数据进行有效分析和处理？

第3章 常用安全检测方法

■ 3.1 气相色谱法

色谱法是一大类分析方法，分离过程是在固定相和流动相两相之间进行的。用气体作为流动相时，称为气相色谱法；用液体作为流动相时，称为液相色谱法。只有在分离温度下有一定蒸气压的物质才能用气相色谱法测定。

气相色谱分析法是一种分离测定多组分混合物极其有效的分析方法。该方法由分离和检测两种功能，理化性质（沸点、极性、分子量等）有微小差异的各组分在得到有效的分离后，依次进入检测器测定，从而达到分离、分析各组分的目的。

3.1.1 气相色谱仪的基本构成

气相色谱法是通过气相色谱仪来实现对多组分混合物分离和分析的，其基本流程如图 3-1 所示。流动相气体（又称载气）由高压钢瓶或气体发生器供给，经减压、干燥、净化并测量流量后进入气化室，载气携带试样（由气化室进样口注入并迅速汽化为蒸汽的样品）进入色谱柱（内装固定相），经分离后的各组分依次进入检测器，将浓度或质量信号转换成电信号，经放大后送入记录仪或色谱数据处理机记录山峰状信号—色谱峰。使用的固定相不同，分离机理也各不相同。因共存组分性质各异，其与固定相的亲和力也有差异，随载气移动的速度也各不同，流出色谱柱的时间也有先后顺序，因此，各组分的色谱峰被彼此分开。

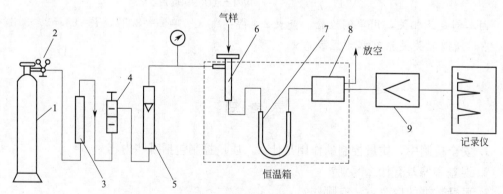

图 3-1 气相色谱仪流程示意图

1—载气钢瓶；2—减压阀；3—干燥净化管；4—稳压阀；5—流量计；
6—气化室；7—色谱柱；8—检测器；9—阻抗转换及放大器

3.1.2 色谱分离机理与色谱流出曲线

色谱柱是色谱仪的核心，色谱柱中充填着颗粒细小的固定相，固定相是涂敷着固定液的颗粒状载体，或者是颗粒状吸附剂。气态的待分离混合组分进入色谱柱后，组分与固定相之间产生分子间力，分子间力的作用是把气态组分滞留在固定相表面。流过色谱柱的流动相与气态组分也产生作用力，包括分子间力和流动的携带作用，在此作用力的作用下，气态组分将随着流动相沿着色谱柱向前移动。固定相和流动相的作用力方向相反，各组分"缓慢"地向前移动，移动速度由相反两个方向作用力的差值决定，其中最主要的是由组分与固定相间的作用力大小决定。气态组分中的各种组分由于极性、结构、分子量等多种物理化学性质的差异，各自与固定相的作用力大小也不同，移动的速度也有差异，即使差异较小，但经过较长距离的移动后，不同组分在色谱柱中的前后位置也会有明显的区别，各自流出色谱柱及进入检测器的时刻也不同，先进入检测器的组分先产生响应信号，移动最慢的组分产生信号的时间也最晚，因而实现了不同组分的分离。分离过程示意图如图 3-2 所示。

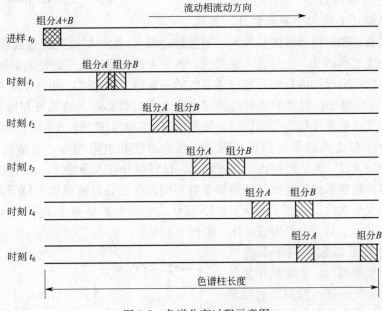

图 3-2　色谱分离过程示意图

　　各组分由载气携带着依次通过检测器时，检测器依次对各组分产生响应，检测器响应信号随时间的变化曲线称为色谱流出曲线，常称为色谱图，如图 3-3 所示。当分离完全时，每个色谱峰代表一种组分。各组分在移动过程中由于浓度梯度的作用，会沿着色谱柱的方向向前后扩散，组分所在位置的中央浓度最大，两边的依次逐渐减小，浓度越大则在检测器中产生的信号越强。从进样开始到出峰至最高点所用时间称为保留时间（t_R）。当分离条件固定时，各组分的保留时间基本不变。根据色谱峰保留时间可进行定性分析，根据色谱峰高或峰面积可进行定量分析。

3.1.3　检测器

　　色谱柱分离后的各组分直接进入检测器，检测器把反映物质量的信号转变成电信号。气相色谱分析常用的检测器有：热导池检测器、氢火焰离子化检测器、电子捕获检测器和火焰光度检测器。

　　1. 热导池检测器

　　热导池检测器（TCD，Thermal　Conductivity Detector）是一种应用广泛、非选择性的检测器，对无机、有机气体都有响应。热导池检测器是依据惠斯通平衡电桥原理设计的，其中四个桥臂为热敏电阻，其电阻值随着温度的增加而增加，并具有较高的温度系数。工作时先通入载气，再通过电流时电阻生热而升温，同时通过载气传导给元件散热，当生热速率等于散热速率时，湿度达到平衡，电阻的阻值也不再变化。当与载气导热系数不同的组分进入检测器时，混合气体的导热系数不同于纯载气，生热—散热平衡被打破，继而改变电阻值，电桥偏离平衡而输出电流，输出电流与进入检测器组分的浓度呈正比。热导是在不锈钢块上钻四个对称的孔，各孔

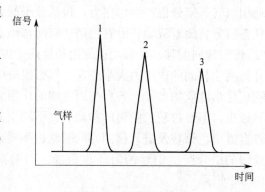

图 3-3　色谱流出曲线

中均装入一根长短和阻值相等的热敏丝（与池体绝缘）。让一对通孔流过纯载气，即载气在进柱之前先流过此通孔，之后进入色谱柱，另一对通孔流过从色谱柱流出的携带试样蒸气的载气。将四根阻丝接成桥路，通过纯载气的一对称为参比臂，另一对称为测量臂，如图 3-4 所示。电桥置于恒温室中并通过恒定电流。当四臂都通入纯载气并保持桥路电流、池体温度、载气流速等操作条件恒定时，则电流流经四臂阻丝所产生的热量恒定，由热传导方式从热丝上带走的热量也恒定，四臂中热丝温度和电阻相等，电桥处于平衡状态（$R_1 \cdot R_4 = R_2 \cdot R_3$），无信号输出。当进样后，试样组分进入测量臂，由于组分和载气组成的二元气体的热导系数和纯载气的热导系数不同，引起通过测量臂气体导热能力改变，致使热丝温度发生变化。从而引起 R_1 和 R_4 变化，电桥失去平衡（$R_1 \cdot R_4 \neq R_2 \cdot R_3$），有信号输出，其大小与组分浓度成正比。如图 3-4 所示。

氢气的导热系数远远高于其他气体，用热导池检测器时，常常采用氢气作为载气，组分气体进入检测器时明显改变导热系数，所以检测灵敏度高。由于热导检测器输出的电信号比较强，所以信号不经放大就能直接显示。

2. 氢火焰离子化检测器

氢火焰离子化检测器（FID, Hydrogen Flame Ionization Detector）主要用于有机物的检测。在氢火焰离子化检测器中，被测组分在氢—氧火焰中不

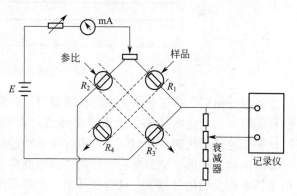

图 3-4　热导池检测器测量原理

完全燃烧而离子化，离解成正、负离子，在收集极和极化极间的电场作用下，被分别收集汇成离子流（电流），通过对离子流的测量进行定量分析，就可获得被测组分的浓度。其结构及测量原理如图 3-5 所示。该检测器由氢氧火焰和置于火焰上、下方的圆筒状收集极及圆环发射极、测量电路等组成。两电极间加 200～300V 电压。未进样时，氢氧焰中生成 H、O、OH、O_2H 等游离基及一些被激发的变体，但它们在电场中不被收集，故不产生电信号。当试样组分随载气进入火焰时，就被离子化形成正离子和电子，在直流电场的作用下，各自向极性相反的电极移动形成电流，该电流强度为 $10^{-13} \sim 10^{-8}$ A，需经高阻

（R）产生电压降，再经微电流放大器放大后，送入记录仪记录。

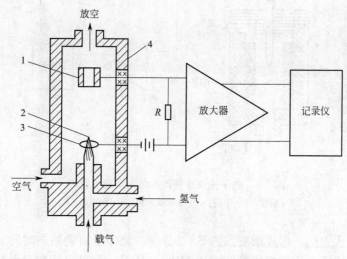

图 3-5　氢火焰离子化检测器及测量原理
1—收集极；2—火焰；3—发射极；4—离子室

3. 电子捕获检测器

电子捕获检测器（ECD，Electron Capture Detector）适于分析痕量电负性有机化合物，对卤素、硫、氧、硝基、碳基、氰基、共轭双键体系、有机金属化合物等有较高的响应值，对烷烃、烯烃、炔烃等的响应值很小，主要用于有机卤素化合物和有机硫化合物的检测。电子捕获检测器的结构及测量原理如图 3-6 所示。检测器内一端为 β 放射源（^{3}H 或 ^{63}Ni）作为阴极，另一端的不锈钢棒作为阳极，在两极间施加直流或脉冲电压。当载气（高纯的氩或氮）进入内腔时，受放射源发射的 β 粒子轰击被电离：

$$Ar + \beta \rightarrow Ar^- + e^- \tag{3-1}$$

在电场作用下，正离子和电子分别向阴极和阳极移动形成基流（背景电流），当电负性物质（AB）进入检测器时，立即捕获自由电子使基流下降，输出电信号减小，组分流出检测器后，背景电流恢复到原值，在记录仪器上得到倒峰。在一定浓度范围内峰面积或峰高与电负性物质浓度成比例。

4. 火焰光度检测器

火焰光度检测器（FPD，Flame Photometric Detector）是气相色谱仪用的一种对含磷、含硫化合物有高选择性、高灵敏度的检测器。试样在富氢火焰燃烧时，含磷有机化合物主要是以 HPO 碎片的形式发射出波长为 526nm 的光，含硫化合物则以 S_2 分子的形式发射出波长为 394nm 的特征光。光电倍增管将光信号转换成电信号，经微电流放大记录下来。此类检测器的灵敏度可达几十到几百库仑/克，火焰光度检测器的检出限可达 10^{-12}g/s（对 P）或 10^{-11}g/s（对 S）。同时，这种检测器对有机磷、有机硫的响应值与碳氢化合物的响应值之比可达 10^4，因此可排除大量溶剂峰及烃类的干扰，非常有利于痕量磷、硫的分析，是检测有机磷农药和含硫污染物的主要工具。火焰光度检测器的结构及测量原理如图 3-7 所示。

含磷或硫的有机化合物在富氢火焰中燃烧时，硫、磷被激发而发射出特征波长的光

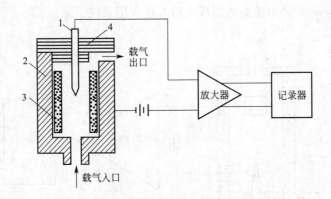

图 3-6 电子捕获检测器的结构及测量原理

1—阳极；2—阴极；3—筒状放射源；4—聚四氟乙烯

谱。当硫化物进入火焰，形成激发态的 S＊2 分子，此分子回到基态时发射出特征的蓝紫色光；当磷化物进入火焰，形成激发态的 HPO＊分子，它回到基态时发射出特征的绿色光（波长为 480～560nm，最大强度对应的波长为 526nm）。这两种特征光的光强度与被测组分的含量均成正比，这正是 FPD 的定量基础。特征光经滤光片滤光，再由光电倍增管进行光电转换后，产生相应的光电流。经放大器放大后由记录系统记录下相应的色谱图。

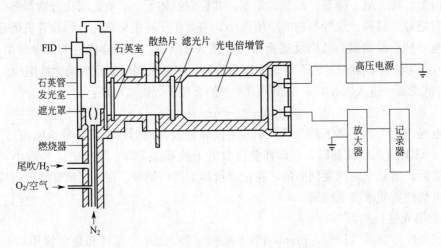

图 3-7 火焰光度检测器的结构及测量原理

▇ 3.2 高效液相色谱法

以液体作流动相的色谱法称为液相色谱法，按分离机理也可分为多种（表 3-1），自 20 世纪 60 年代以来，在色谱理论尤其是速率理论的指导下，填料制备技术、柱填充技术、高压输液泵制造以及化学键合型固定相制备等方面得到高速发展，使液相色谱分离实现了快速发展。目前，这种分离效率高、分析速度快的液相色谱被称作高效液相色谱。按分离机理归类，离子对色谱和离子抑制色谱属于分配色谱，因为它们的分析对象都是离子性化合物，所以又常常将它们与离子交换色谱、离子排斥色谱一起统称离子色谱。在安全检测中，使用化学键合型固定相的分配色谱应用最多，其次是离子色谱。

3.2.1 高效液相色谱法原理

1. 吸附色谱

吸附色谱也称液固色谱，其固定相是固体吸附剂，常用的有硅胶、氧化铝、活性炭等无机吸附剂和有机高分子吸附剂。硅胶是一种多孔性物质，其表面具有硅羟基（Si-OH），硅羟基呈微酸性，易与氢结合，是吸附的活性点。在吸附色谱中，样品主要靠氢键结合力吸附到硅羟基上，和流动相分子竞争吸附点，反复地被吸附，又反复地被流动相分子顶替解吸，随着流动相的流动而在柱中向前移动。因为不同的待测分子在固定相表面的吸附能力不同，因而吸附—解吸的速度不同，各组分被洗出的时间（保留时间）也就不同，使得各组分彼此分离。由于硅羟基活性点在硅胶表面常按一定几何规律排列，因此吸附色谱用于结构异构体分离和族分离仍是最有效的方法。如农药异构体分离，石油中烷、烯、芳烃的分离。但其应用已远不如化学键合相分配色谱广泛。吸附色谱的流动相极性比固定相小，被称作正相 HPLC。

按分离机理 HPLC 的分类　　　　　　　　　　　　　　　　　表 3-1

类型	主要分离机理	主要分析对象或应用领域
吸附色谱	吸附能、氢键	异构体分离、族分离、制备
分配色谱	疏水作用	各种有机化合物的分离、分析与制备
凝胶色谱	溶质分子大小	高分子分离、分子量及分子量分布测定
离子交换色谱	库仑力	无机阴阳离子、环境与食品分析
离子排斥色谱	Donnan 膜平衡	有机离子、弱电解质
离子对色谱	疏水作用	离子性物质
离子抑制色谱	疏水作用	有机弱酸弱碱
配位体交换色谱	配合作用	氨基酸、几何异构体
手性色谱	立体效应	手性异构体分离
亲和色谱	特异亲和力	蛋白、酶、抗体分离、生物和医药分析

2. 分配色谱

将固定相液体包覆于惰性载体（基质）上，基于样品分子在固定相液体和流动相液体之间的分配平衡的色谱方法，称为分配色谱。由于固定相液体往往容易溶解到流动相中，所以重现性很差，已很少被人们所采用。现在 HPLC 的固定相是把固定液通过化学键合的方法结合到惰性载体上，制成化学键合型固定相，不仅解决了流失问题，而且分离效率显著提高。ODS 柱就是最典型的代表，它是将十八烷基三氯硅烷通过化学反应与硅胶表面的硅羟基结合，在硅胶表面形成化学键合态的十八碳烷基，其极性很小。而常用的流动相，如甲醇及与水的混合溶液，极性比固定相大，被称作反相 HPC。目前应用最广泛的就是这种反相键合相色谱。

3.2.2 高效液相色谱仪结构与原理

高效液相色谱仪现在多做成单独的单元组件，然后根据分析要求将各所需单元组合起来，最基本的组件是高压（输液）泵、进样器、色谱柱、检测器和工作站（数据系统）。此外，根据需要配置自动进样系统、流动相在线脱气装置和自动控制系统等。高效液相色谱仪的构造示意见图 3-8。输液泵将流动相以稳定的流速（或压力）输送至分离体系，在色谱柱之前通过进样器将样品导入，流动相将样品带入色谱柱，在色谱柱中各组分被分离，并依次随流动相流至检测器，检测器输出的信号送至工作站记录、处理和保存。

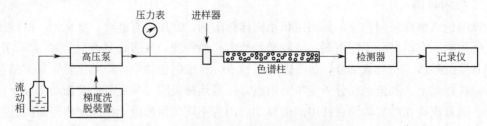

图 3-8　高效液相色谱仪的构造示意图

1. 高压（输液）泵

高压泵的作用是将流动相以稳定的流速（或压力）输送到色谱系统。其稳定性直接影响到分析结果的重现性、精度和准确性，因此其流量变化通常要求小于 0.5%。流动相流过色谱柱时会产生很大的压力，高压泵通常要求能耐 40～60MPa 的高压。

2. 进样器

现在的液相色谱仪几乎都采用耐高压、重复性好、操作方便的阀进样器。其中，六通阀是最常用的。进样体积由定量管确定。六通阀进样器工作原理如图 3-9 所示。操作时先将阀柄置于采样位置（load），进样口与定量管接通，处于常压状态，用微量注射器（体积应大于定量管体积）注入样品溶液，样品停留在定量管中。当将进样器阀柄转动至进样位置（inject）时，流动相与定量管接通，样品被流动相带到色谱柱中。

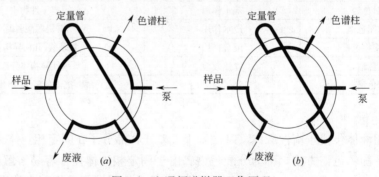

图 3-9　六通阀进样器工作原理
（a）采样位置；（b）进样位置

3. 色谱柱

色谱柱是实现分离的核心部件，要求色谱柱效率高、容量大和性能稳定。最常用的分析型色谱柱是内径 4.6mm，长 100～300mm 的内部抛光的不锈钢管柱，内部填充 5～10μm 的球形颗粒填料。不同的物质在色谱柱中的保留时间不同，依次流出色谱柱进入检测器。

4. 检测器

检测器是用来连续检测经色谱柱分离后流出物的组成和含量变化的装置。它利用被测物的某一物理或化学性质与流动相有差异的原理，当被测物从色谱柱流出时，会导致流动相背景值发生变化，从而在色谱图上以色谱峰的形式表现出来（表 3-2）。

检测器	检测下限(g·mL^{-1})	线性范围	选择性	梯度淋洗
紫外—可见光	10^{-10}	10^{-10}	有	可
示差折光	10^{-7}	10^4	无	不可
荧光	$10^{-12} \sim 10^{-11}$	10^3	有	可
化学发光	$10^{-13} \sim 10^{-12}$	10^3	有	困难
电导	10^{-8}	$10^3 \sim 10^4$	有	不可
电化学	10^{-10}	10^4	有	困难
火焰离子化	$10^{-13} \sim 10^{-12}$	10^4	有	可

（1）紫外-可见光检测器。一般的液相色谱仪都配置有 UV-VIS 检测器。检测器既有较高的灵敏度和选择性，也有很宽广的应用范围。由于 UV-VIS 对环境温度、流速、流动相组成等的变化不是很敏感，所以还能用于梯度洗脱。UV-VIS 检测器的工作原理相当于分光光度计，为了得到高的灵敏度，常选择被测物质能产生最大吸收的波长作检测波长。为了选择性或目的的需要，也可选择吸收稍弱的波长，但检测灵敏度会降低，应尽可能选择在检测波长下没有背景吸收的流动相。二极管阵列 UV-VIS 检测器可以瞬间实现紫外-可见光区的全波长扫描，得到时间-波长-吸收强度三维色谱图。

（2）示差折光检测器。示差折光检测器也称折射指数检测器（RI）。凡是与流动相的折射率有差别的被测物质都可以用 RI 检测。在多数情况下，被测物与流动相的折射率都有差异，所以 RI 是一种通用的检测方法。但与其他检测方法相比，灵敏度要低 1~3 个数量级。

（3）荧光、化学发光检测器。许多有机化合物，特别是芳香族化合物、生化物质，如有机胺、维生素、激素、酶等，被一定强度和波长的紫外光照射后，发射出比激发光波长更长的荧光。荧光强度与激发光强度、量子效率和样品浓度成正比。有的有机化合物虽然本身不产生荧光，但可以与发荧光物质反应，经衍生化后检测。荧光检测的最大优点是有非常高的灵敏度和良好的选择性，灵敏度要比紫外检测法高 2~3 个数量级，而且所需样品量很小，特别适合于药物和生物化学样品的分析。

化学发光的原理是基于某些物质在常温下进行化学反应，生成处于激发态的反应中间体或反应产物，当它们从激发态返回到基态时发射出光子，因为物质激发态的能量来自于化学反应，故称化学发光。化学发光检测器结构简单，价格便宜，而且灵敏度和选择性都很高，是一种有实用价值的检测方法。

（4）电化学检测器。电化学检测法利用物质的电活性，通过电极上的氧化或还原反应进行检测。电化学检测有很多种，如电导、安培、库仑、极谱、电位等，应用较多的是安培检测。电化学检测器对流动相的限制较严，电极污染常造成重现性差等缺点，所以一般只用于检测那些既没有紫外吸收，又不产生荧光，但有电活性的物质。

5. 色谱工作站

液相色谱仪一般都配置色谱工作站，分析过程都可实现在线模拟显示，数据自动采集、处理和存储，并对整个分析过程实现自动控制。

3.2.3 高效液相色谱法实验技术

1. 流动相溶剂的处理技术

溶剂的纯化。分析纯和优级纯溶剂在很多情况下可以满足色谱分析的要求，但不同的色谱柱和检测方法对溶剂的要求不同。如用紫外检测时，溶剂中就不能含有在检测波长下有吸收的杂质，此外为改善分离而加入的其他有机溶剂也不能在选定的测量波长下有吸收。目前专供色谱分析用的"色谱纯"溶剂除最常用的甲醇外，其余多为分析纯，有时要进行除去紫外杂质、脱水、重蒸等纯化操作。溶剂的纯化要根据色谱柱和检测器的要求来选择适当的方法。

流动相脱气。流动相溶液往往因溶解有空气而形成气泡。气泡进入检测器后会引起检测信号的突然变化，在色谱图上出现尖锐的噪音峰。小气泡慢慢聚集后会变成大气泡，大气泡进入流路或色谱柱中会使流动相的流速变慢或出现流速不稳定，致使基线起伏。气泡一旦进入色谱柱，排出很费时间。目前，液相色谱流动相脱气使用较多的是超声波振荡脱气、惰性气体鼓泡吹扫脱气和在线（真空）脱气装置3种。纯溶剂中的溶解气体比较容易脱去，而水溶液中的溶解气体就比较难脱去。超声波振荡脱气比较简便，基本上能满足日常分析的要求，是目前使用较多的脱气方法。惰性气体（通常用 He）鼓泡吹扫脱气的效果好，He 气将其他气体顶替出去，而它本身在溶剂中的溶解度又很小，微量 He 气所形成的小气泡对检测无影响。在线（真空）脱气装置的原理是将流动相通过一段由多孔性合成树脂膜制造的输液管，该输液管外有真空容器，真空泵工作时，膜外侧被减压，分子量小的氧气、氮气、二氧化碳就会从膜内排到膜外，从而被脱除。

过滤。过滤是为了防止不溶物堵塞流路和色谱柱入口处的微孔垫片。严格地讲，流动相都应用 $0.45\mu m$ 以下微孔滤膜过滤。滤膜分有机溶剂专用和水溶液专用两种。

2. 分离方式的选择

分离方式是按固定相的分离机理分类的，选定了固定相（色谱柱）基本上就确定了分离方式。即使同一根色谱柱，如果所用流动相和其他色谱条件不同，也可能构成不同的分离方式。选择分离方式见图 3-10。安全检测中主要采用反相 HPLC 和正相 HPLC。

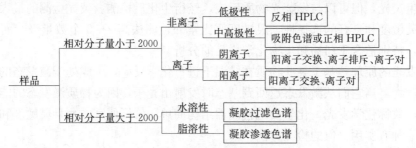

图 3-10　分离方式的选择原则

3. 反相色谱流动相的选择

反相分配色谱的流动相为极性溶剂，如水和与水互溶的有机溶剂。一般要求溶剂沸点适中，黏度小，性质稳定，紫外吸收背景小，样品溶解范围宽。通常的分离要求流动相的溶剂强度大于水而小于纯溶剂。将有机溶剂和水按适当比例配制成混合溶剂就可以适应不同类型的样品分析。

4. 梯度洗脱

在色谱图中，如先出峰的组分峰间距较大，而后出峰的几种组分未能完全分离，则可先用强度大的流动相洗脱，中途减小强度，这样前边的峰距缩小，后面的峰距加大，所有的峰排列更均匀。如果出峰情况与上述相反，则可采用先弱后强的方法。分离过程中，改变洗脱溶剂强度的方法称为梯（强）度洗脱，而不改变溶剂强度（即组成）的方法称为等（强）度洗脱。梯度洗脱通常是靠改变混合淋洗剂的组成比例来调整洗脱强度。

5. 衍生化技术

衍生化就是将用通常检测方法不能直接检测或检测灵敏度低的物质与某种试剂（衍生化试剂）反应，使之生成易于检测的化合物。按衍生化的方式可分柱前衍生和柱后衍生。柱前衍生是将被测物转变成可检测的衍生物后，再通过色谱柱分离。这种衍生可以是在线衍生，即将被测物和衍生化试剂分别通过两个输液泵送到混合器里混合并使之立即反应完成，随之进入色谱柱；也可以先将被测物和衍生化试剂反应，再将衍生产物作为样品进样；还可以在流动相中加入衍生化试剂。柱后衍生是先将被测物分离，再将从色谱柱流出的溶液与反应试剂在线混合，生成可检测的衍生物，然后导入检测器。

■ 3.3 紫外可见分光光度法

3.3.1 光度法原理

电磁波谱包括红外光区、可见光区、紫外光区、X射线在内的所有波长范围的光波，常见光区范围见表3-3。赤、橙、黄、绿、青、蓝、紫七种颜色的光混合在一起成为白光。如果把某两种光按适当的强度比例混合后，也能成为白光，这两种颜色的光称为互补色。图中处于直线关系的两种单色光为互补色光（图3-11）。

物质显示某种颜色，是因为其吸收了可见光中某一波长范围的光，而显示出其互补光的颜色。实际上物质不仅吸收可见光，也吸收紫外光和红外光。物质

图 3-11 光的互补示意图

对某一波长范围光的选择性吸收是分光光度法的基础，即分光光度法所用的光不仅仅是可见光，还有近紫外光，包括 200~800nm 波长范围。

可见光谱（单位：nm）　　　　　　　　　　　　　　表 3-3

10^6	760	620	590	560	500	480	430	400	200	10
红外光	红光	橙光	黄光	绿光	青光	蓝光	紫光	近紫外光	远紫外光	X射线

3.3.2 吸收定律

1. 吸收定律

吸收定律，即朗伯-比耳定律，描述了吸光度与溶液浓度、吸收层厚度之间的关系。在某一特定条件下，当一束平行单色光束照射到均匀的溶液时，液层的厚度为 L、浓度为 c，吸收系数 K 用 ε 表示，称为摩尔吸收系数。ε 的物理意义是吸光物质浓度为 1mol/L、液层厚度为 1cm 时，溶液在特定波长下的吸光度为 A，则：

$$A = \varepsilon L c \tag{3-2}$$

由此可见，吸光度 A 与溶液浓度和厚度的乘积成正比。

2. 朗伯—比耳定律的适用条件

根据朗伯—比耳定律，当吸收池的厚度保持不变，以吸光度对浓度作图时，应得到一条通过原点的直线。但在实际工作中吸光度与浓度之间的线性关系常常偏离，即曲线不是直线，发生弯曲，这种情况称为偏离朗伯—比耳定律现象。在一般情况下，如果偏离朗伯—比耳定律的程度不严重，仍可用于分光光度分析，偏离严重则不能应用。

朗伯—比耳定律的适用条件：

（1）稀溶液。朗伯—比耳定律只适用于稀溶液。线性关系只有在被测溶液为稀溶液（0.01mol/L）时才成立：若 $c > 0.01$mol/L 时，其质点间相互距离缩小，邻近质点间的相互作用力就不能忽视，从而影响了对特定辐射的吸收能力。相互影响程度取决于浓度，浓度越大，吸光度 A 与浓度 c 的线性关系偏差就越大。所以吸收定律只有在低浓度时才是正确的。

（2）单色光。吸收定律中采用的是单色光，而目前仪器所提供的入射光实际上是由波长范围较窄的光带组成的复合光。复合光照射样品时，则可能使物质对该区的吸收系数不完全相等，则 A 与 c 偏离线性关系。实验证明，对于分析来说，并不是一定要用很纯的单色光，只要入射单色光所包含的波长范围在被测溶液的吸收曲线较平直，也可以得到较好的线性关系。

（3）化学性质。溶液中的吸光物质常因离解、缔合而形成新化合物或发生互变异构等化学变化，或与溶剂相互作用，就会使被测组分的吸光度发生明显变化而导致偏离朗伯—比耳定律。因此，必须根据吸光物质的性质、溶液中化学平衡的知识，对偏离加以预测和防止。

3.3.3 紫外可见分光光度计

紫外可见分光光度计主要由光源、单色器系统、吸收池（比色皿）、检测器等主要部分组成。单光束分光光度计的结构如图 3-12 所示。

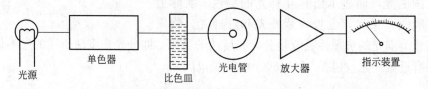

光源　　　　单色器　　　　比色皿　　　光电管　　放大器　　　指示装置

图 3-12　单光束分光光度计的结构原理图

1. 光源

在分光光度计中使用的光源应能提供足够强度且波长连续的光辐射，便于后续检测器能检出并测量，并能够在整个光学光谱区使用，另外光源发光强度必须稳定。常用的光源为钨丝灯和氢（或氘）灯。前者适用于可见光谱区，波长范围 320～2500nm。氢灯和氘灯可提供连续的紫外光源（180～375nm），在相同工作条件下，氘灯的辐射强度大于普通氢灯。由于普通光学玻璃对紫外线有吸收，所以应用紫外光的仪器中的光学元件必须是石英材料。

2. 单色器

单色器（包括分光仪、狭缝及透镜系列）作用是将辐射按波长分解并输出波长很窄的单色光束。因光束的单色性直接关系到光度分析中物质对光的选择性吸收、所用方法的灵敏度以及测定结果的精确度，所以反映单色器分光能力的参数——色散率是表征仪器性能的重要参数。为了获得理想宽度的光谱通带和准平行的单色光束，单色器中还包含了入射和出射狭缝、透镜和准直镜等光学元件。狭缝宽度直接决定光谱通带的宽度，透镜和抛物面反射镜的作用是将光束聚焦，而准光镜则是使光束变成平行光束照射在吸收池截面上。

3. 吸收池

吸收池（比色皿）是用无色透明耐腐蚀的光学玻璃或石英玻璃制成。玻璃吸收池只能用于可见光区，而石英池既适用于可见光区，也可用于紫外光区。吸收池内距要求准确，多数吸收池为长方形，其透光面不能直接接触，使用时要用手拿磨砂的一面。测定时装入溶液池的2/3容积，外壁上有液滴时，要用滤纸轻轻吸干，然后用擦镜头纸轻轻擦干，用后可用稀盐酸冲洗，最后用蒸馏水冲净晾干。比色皿有0.5cm、1.0cm、2.0cm、5.0cm等规格。

4. 检测器

检测器是一个光电转换元件，常用的有光电管和光电倍增管，其作用是将透过吸收池的光辐射信号变成可测量的电信号。与检测器相连接的是放大、记录、数据直读或信息处理装置。

按照光路分类，紫外可见分光光度计可分为单光束分光光度计和双光束分光光度计两类。按照使用波长划分，可分为单波长分光光度计和双波长分光光度计。单光束单波长分光光度计具有结构简单、操作方便、光能损失少、灵敏度高等优点，双光束分光光度计与单光束型仪器的主要区别是同一光源辐射的光通过分光系统后，被分束器分成参比光束和测量光束，前者不通过被测溶液，只通过参比溶液，光强不被吸收减弱；后者通过被测溶液，光强被吸收减弱。

■ 3.4 荧光光度法和化学发光法

3.4.1 荧光光度法

荧光通常是指某些物质受到紫外光照射时，吸收了一定波长的光线后，发射出比照射光波长更长的光，而当紫外光停止照射后，这种光也随之很快消失。当然，荧光现象不限于紫外光区。利用测量荧光波长和荧光强度建立起来的定性、定量方法称为荧光分析法。根据所用仪器是否具有色散元件，又可分为荧光光度法和荧光分光光度法。

1. 荧光法原理

荧光通常发生于具有电子共轭体系的分子中，如果将激发光源发出的光，用单色器分光后，让某一波长的光照射这种物质，记录每一种荧光波长发射的强度，就会得到荧光强度随荧光波长的变化曲线，即荧光发射光谱（简称荧光光谱）。而固定荧光波长，改变激发光波长，得到的荧光强度随激发光强度变化的曲线图，则为激发光谱。

不同物质的分子结构不同，其激发光谱和发射光谱也不同，这是进行定性分析的依据。最直接的荧光定性分析方法是将待分析物质的荧光发射光谱与预期化合物的荧光发射光谱相比较，此方法简便并能取得较好的效果。

在一定的条件下，物质发射的荧光强度与其浓度之间有一定的关系，这是进行定量分析的依据。

含被测物质的溶液，被入射光（I_0）激发后，可以在溶液的各个方向观测到荧光强度（F）。但由于激发光源能量的一部分会透过溶液，故在透射方向观测荧光是不适宜的。

一般在与激发光源发射光垂直的方向观测，如图 3-13 所示。

根据比耳定律，荧光强度和荧光物质的浓度呈线性关系。

2. 荧光法特点

优点：方法快捷，重现性好，取样容易，试样量少。

缺点：应用范围不够广泛，因为有许多物质本身不会产生荧光。

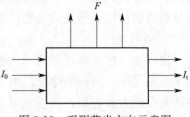

图 3-13　观测荧光方向示意图

3. 荧光计和荧光分光光度计

荧光分析仪器有：目视荧光计、荧光光度计和荧光分光光度计等。由光源、滤光片或单色器、样品池及检测系统等部分组成。荧光光度计以高压汞灯为激发光源、以滤光片为色散元件、以光电管为检测器，将荧光强度转换成光电流，用微电流表测定。荧光光度计结构比较简单，用于测定微量荧光物质可得到满意的结果。

3.4.2　化学发光法

化学发光反应可在气相、液相、固相中进行。气相化学发光反应主要用于大气中 NO_x、SO_2，H_2S、O_3 等气态有害物质的测定。液相化学发光多用于天然水、工业废水中有害物质的测定。

化学发光法的特点：灵敏度高，可达 10^{-9} 量级，对于多种污染物质共存的大气，通过化学发光反应波长的选择，可不经分离有效地进行测定，线性范围宽，通常可达 5～6 个数量级。

产生化学发光反应需符合的条件：

（1）化学反应必须能放出足够的能量，使电子激发；

（2）要有合适的化学反应历程，使产生的能量用于不断地产生激发态分子；

（3）激发态分子跃回基态时，要释放出光子，而不是以热的形式消耗能量。

■ 3.5　红外气体分析器

红外气体分析法是基于具有永久偶极距的气体分子对红外光产生选择性吸收的特性，建立起来的一种定量气体分析方法。在安全检测中，常用于空气中重污染成分（一氧化碳、二氧化碳）的测定。

3.5.1　红外气体分析器的原理

红外气体分析器利用被测气体对红外光的特征吸收来进行定量分析。当被测气体在被特征波长光照射时，被测组分吸收特征波长的光，吸收光能的多少与样品中被测组分浓度有关。对于特征波长辐射的吸收，透射光强度与入射光强度、吸光物质浓度的关系，也同样遵循比耳定律。

在红外气体分析器中，红外辐射光源的入射强度不变，红外光透过被测样品的光程不变，且对于特定的被测组分，吸收系数也不变，因此透射的特征波长红外光强度仅仅是被测组分的函数，故通过测定透射特征波长红外光的强度即可确定被测组分的浓度。

3.5.2　红外气体分析器的结构和类型

红外气体分析器由红外光源、切光器、气室、光检测器及相应的供电、放大、显示、记录的电子线路和部件组成（图 3-14）。一氧化碳和二氧化碳红外分析器的光源是直径约为 0.5mm 的镍铬丝，镍铬丝被 1.3～5A 电流加热到 600～1000℃时辐射出红外线，波长范围约为 2～10μm。红外线辐射光经反射抛物面汇聚成平行光射出，透过气室后，照射到检测室内。平行射出的红外光在到达气室前，被切光器调制成断续的交变光，从而获得交变电信号，减少信号源漂移。切光器是同步马达带动的切光片，以 12.5r/s 的速度转动。气室包括测量气室和参比气室（图 3-15），测量气室中连续通过被测气体；而参比气室中则充以不吸收被测组分特征红外光的气体，并被密封。气室壁的光洁度对仪器的灵敏度影响很大，这是因为相当大的一部分光要经过气室壁的多次反射才能到达接收器。光洁度高的室壁具有良好的反射系数，光强损失较少，因此，气室内壁通常在抛光后镀一层金。气室内径一般取 20～30mm，而气室长度在很大程度上取决于被测组分的浓度范围。

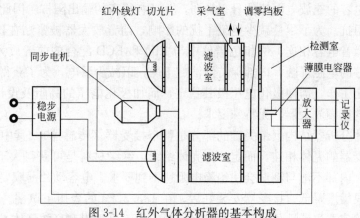

图 3-14 红外气体分析器的基本构成

一氧化碳和二氧化碳红外气体分析器的光检测器是薄膜电容微音器，这种检测器的最大优点是抗干扰组分影响的能力强，其结构如图 3-15 所示，在检测室内装有铝箔动极和铝合金圆柱体定极，构成薄膜可变电容器。在两极上加有稳定的直流电压。电容的薄膜把检测室内腔分成容积相等的两个吸收室，吸收室内充满待测气体组分。测量光束和参比光束分别射入两个接受室。作为电容动片的铝箔厚约 5～10μm，动片与定片间的距离为 0.05～0.08mm，组成的电容容量为 50～100pF。为使被动片薄膜隔开的两个吸收室气体静压平衡，设计了一个直径为百分之

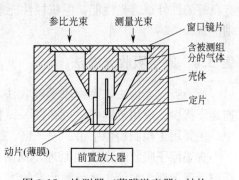

图 3-15 检测器（薄膜微音器）结构

几毫米的微孔。红外光束射入接受室后，被其中的待测组分吸收，使气体温度升高，从而内部气压升高。测量光束和参比光束平衡时，两边的压力相等，动片薄膜维持在平衡位置。当测量气室中有待测组分时，透过参比气室的红外光辐射仍保持不变，而透过分析测量气室的红外光由于待测组分的吸收而减弱。因此，到达接受室的红外辐射就减少了，致使这一边的温度降低，压力减少。由于这两边接受室的压力不平衡，动片薄膜移动，改变了微音电容两极的距离，也就改变了电容量 C，根据定义：

$$C=K\varepsilon A/D \tag{3-3}$$

$$dC/dD = -K\varepsilon A/D^2 \tag{3-4}$$

式中，A 为电容板板面积；D 为薄膜动极与固定电极间距离；ε 为气体介电常数；K 为比例系数。

式(3-4)表明，电容量的变化与极间距离 D 的平方成反比。因此，减少距离可以提高灵敏度。待测组分在气体中的浓度越大，透过参比气室和测量气室的光强差也越大，从而接受室气压差越大，电容的改变量也越大，电容的变化就可以指示气样中待测组分的浓度。

由于入射的红外光是用切光片调制的，故光线被调制后，薄膜电容器的电容量就按照光调制频率做周期性变化。又由于薄膜电容极间加有电压，所以电容也就按这个频率周期性地充电和放电。充电和放电的电流大小取决于电容量变化的幅度，充电电流被送到高输入阻抗前置放大器，随后由主放大器放大，最后由记录器显示，并记录下来。

薄膜微音电容的充放电电流信号很微弱，并且有很高的输出阻抗。因此，要求前置放大器有高输入阻抗。为了尽量减少电磁干扰的影响，前置放大器被紧贴在检测器壳体上，信号端直接与微音电容相连，气相色谱仪中与 FID 和 ECD 配合的前置放大器也是如此，整个线路有良好的电磁屏蔽，内部保持清洁、干燥，以减少漏电。为了获得较大信号并使微音电容器稳定工作，需使极化电压极其稳定，而加极化电压的高阻及设计为 $10^9\,\Omega$。主放大器为普通的选频放大器，无特殊要求。

红外线气体分析器结构上最关键的部分是整个接受器（传感器）。其中，薄膜微音电容的动片与接受器的壳体相连，而定片与壳体绝缘，绝缘材料是可获得大于 $10^9\,\Omega$ 绝缘电阻的高铝陶瓷。内部不洁与潮湿会使绝缘电阻达不到要求。电容动片薄膜要安装的松紧适度，太紧会使灵敏度降低。接受器安装好后，在 133.32Pa 的表压下试漏。为了保持接受器内部清洁，除经严格清洗外，所用的密封材料应均不可吸附和释放气体。

红外线气体分析器中，所有的气室和接受器的窗口材料为氟化锂或氟化钙，这些材料有良好的红外线透光性能，但机械性能差，易磨损，并可慢溶于水。因此，在使用时要特别注意。

■ 3.6　原子吸收光谱法

原子吸收光谱法，简称原子吸收法，也称原子吸收分光光度法。该方法具有测定快速、干扰少、应用范围广、可在同一试样中分别测定多种金属元素等特点。在安全检测中，主要用于检测粉尘中铅、汞、铬、镉、锰等金属元素的含量。

火焰原子吸收光谱法的原理，见图 3-16。粉尘样品不能直接测定，测定时，需要将待测元素溶解为溶液，含待测元素的溶液通过原子化系统喷成细雾，随载气进入火焰，并在火焰中离解成基态原子。空心阴极灯辐射出的待测元素特征波长的光辐射通过火焰时，被火焰中待测元素的基态原子吸收而减弱。在一定实验条件下，光强在被吸收前后的变化与火焰中待测元素基态原子的浓度呈定量关系，只要入射光的波长范围极窄，吸收过程就遵从朗伯-比耳定律，根据玻尔兹曼公式计算得知，在原子化温度下，原子处于激发态的比例可以忽略不计，从而吸光度 A 与火焰中该种原子总浓度符合吸收定律。

在条件稳定时，吸光度 A 与试样中待测元素的浓度 c 呈定量关系，即：

$$A = Kc \tag{3-5}$$

式中：c 为待测元素的浓度；A 为待测元素的吸光度；K 为常数，其数值大小与吸收

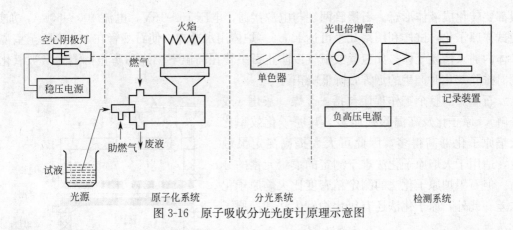

图 3-16 原子吸收分光光度计原理示意图

光程、溶液提升速率、溶液雾化效率、原子化效率、火焰状态等影响测定灵敏度的各种因素有关，仪器在稳定工作时其值是比较稳定的。

测定吸光度就可以求出待测元素的浓度，这是原子吸收分析的定量依据。用作原子吸收分析的仪器称为原子吸收分光光度计或原子吸收光谱仪。

原子吸收光谱仪主要由源、原子化系统、分光系统及检测系统四个主要部分组成（图 3-16）。

空心阴极灯是一种低压辉光放电管，包括一个空心圆筒形阴极和一个阳极，阴极由待测元素材料或其合金制成，灯内只充满压力极低的惰性气体（氩气或氖气）。当两极间加上一定电压时，阴极发射的电子被电场加速后，撞击惰性气体并使其电离，阳离子被加速后撞击阴极表面，因阴极表面溅射出来的待测元素金属原子被带电粒子碰撞激发，便发射出特征辐射，这种特征辐射的谱线宽度窄，邻近的谱线干扰少，因而，称空心阴极灯为锐线光源。空心阴极灯发出的特征谱线只能被吸收区内同种原子吸收，共存其他元素一般不吸收。因此原子吸收光谱法很少有共吸收干扰。

原子化系统是将待测元素转变成原子蒸气的装置，可分为：火焰原子化系统和无火焰原子化系统（石墨炉）。火焰原子化系统包括喷雾器、雾化室、燃烧器和火焰及气体供给部分。喷雾器的作用是把待测的溶液转变成细雾，最常用的是气动式喷雾器，靠压缩空气在特殊结构的喷嘴处喷出形成的负压，把溶液通过毛细管提升上来，并吹散成细小雾滴，雾滴在雾化室与空气、乙炔充分混合，直径稍大的雾滴在雾化室内壁凝结放掉，细小雾滴被送入火焰。火焰使试样雾滴蒸发、干燥并经过热解离或还原作用产生大量基态原子。

用原子吸收法测定时，被测元素必须处于气态自由原子状态。

常用的火焰是空气-乙炔火焰。空气-乙炔火焰难以解离的元素，如：铝、铍、钒、钛等，可用氧化亚氮-乙炔火焰（最高温度可达 3300K）。

燃气与氧化性气体（如空气中的氧气）充分反应后两者都无剩余时的火焰称为化学计量焰（属于中性火焰），氧化性气体（助燃气体）过剩的火焰称为贫燃焰（氧化性火焰），燃气过剩的火焰称为富燃焰（还原性火焰）。

常用的无火焰原子化系统是电热高温石墨管原子化器（简称为石墨炉），其基本结构，如图 3-17 所示。石墨炉的中心部分是石墨管，石墨管中间的小孔为进样孔，试液最多进 $100\mu L$，通过微量注射器从可卸窗及进样孔加入，固体试样用特殊装置从两端加入，但一般都要转化成液体形态。石墨管两端与电源接通，电压 $10\sim15V$，电流 $400\sim600A$，加热使试样原子化，试样利用率几乎可达 100%。炉体用水冷却，使石墨管在 30s 内降至室温，炉体内通入惰性气体，如氮气或氩气以防止石墨管在高温下燃烧和防止待测元素被氧化，同时排除灰化时产生的烟雾，降低噪声。

石墨炉的整个工作程序包括：干燥、灰化（或分解）、原子化及高温除残四步。其原子化效率比火焰原子化器高得多，因此可大大提高测定灵敏度，适用于火焰原子化法难于测定的痕量元素的分析。但石墨炉原子化法的测定精密度比火焰原子化法差。此外，原子化法还有氢化物发生法和冷原子化法等。

分光系统又称单色器，主要由色散元件、凹面镜、狭缝等组成。在原子吸收分光光度计中，单色器放在原子化系统之后，将待测元素的特征谱线与邻近谱线分开。检测系统内光电倍增管、放大器、

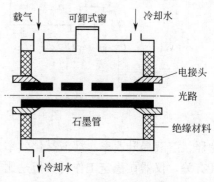

图 3-17　石墨炉装置示意图

对数转换器、指示器（表头、数显器、记录仪、打印机、数据处理显示系统等）和自动调节、自动校准等部分组成，是将光信号转变成电信号并进行测量的装置。

■ 3.7　电位分析法

电化学分析法是建立在溶液电化学性质基础上的分析方法。运用物质的化学能与电能转移的过程中，化学组成与电物理量间的定量关系来确定物质的组成与含量。

电化学分析方法具有快速、灵活、准确、仪器简单和便于自动化等优点，适于进行厂矿有害物质的测定与分析。实验室型的电化学分析仪器在安全检测中使用的较少，但依据相同原理制造的便携式或袖珍式检测仪器应用很广泛。

根据测量对象的不同，电化学分析法可分为多种类型。电位分析法：测量化学电池两个电极间电位差的方法。电导分析法：测量化学电池电阻的方法。库仑分析法或电解法：测量化学电池电量的分析方法。伏安法：测量电解过程中所得的电流—电压曲线的方法。伏安法中，当把工作电极改为滴汞电极时，称为极谱法。

离子选择性电极是应用最广泛的电位分析传感器，通过测量与参比电极间的电动势，可直接测定溶液中某一离子的活度。设备简单、操作方便，并能进行快速连续测定。

离子选择性电极通常采用银盐，氟化稀土金属等难溶性盐的薄膜或液态离子交换薄膜等作为感应膜。当将含有某种能与溶液中的离子进行交换物质的膜置于溶液中时，在膜与溶液界面将发生离子交换反应，改变了两相中原有的电荷分布，形成双电层，产生了电位差。这种膜电位与溶液中相应离子浓度间的关系符合能斯特方程。

对阳离子有响应的电极，膜电位为：

$$E_{膜}=K+\frac{2.303RT}{nF}\lg a_+ \tag{3-6}$$

对阴离子有响应的电极，膜电位为：

$$E_{膜}=K-\frac{2.303RT}{nF}\lg a_- \tag{3-7}$$

3.7.1 离子选择性电极类型

离子选择性电极种类繁多，形式各不相同，而且还不断有新型电极出现。通常按照响应机理、响应膜形态将离子选择电极分为以下几类，见图 3-18。

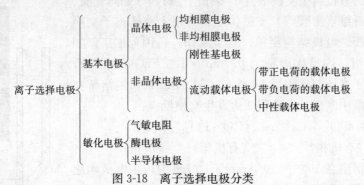

图 3-18　离子选择电极分类

1. 晶体膜电极

电极的敏感膜一般都是由难溶盐经过加压成片或拉制成单晶、多晶或混晶的活性膜。如将氟化镧单晶掺入铕（Ⅱ）封在塑料管的一端，管内装 $0.1mol \cdot L^{-1}NaF$-$0.1mol \cdot L^{-1}NaCl$ 溶液，以 Ag-AgCl 电极作为内参比电极，构成如图 3-19 所示的氟离子选择电极。氟化镧单晶中可移动的离子是 F^-，其电极电位与溶液中离子活度的关系，可用能斯特方程表示。当氟离子活度在 $10^{-1} \sim 10^{-6}$ 范围内，离子电极响应符合能斯特方程。以 CdS/Ag_2S、AgI/Ag_2S、PbS/Ag_2S 制成的晶体膜，可分别测定溶液中 Cd^{2+}、Pb^{2+}、I^{-1} 的离子活度。

2. 刚性基质电极

主要包括具有离子交换作用的玻璃或其他刚性材料制成的膜电极。除最早期使用的 pH 玻璃电极外，还有测定 Na^+、K^+、Li^+、Ag^+、NH_4^+ 等离子的玻璃电极。pH 玻璃电极结构如图 3-20 所示。主要部分是一个玻璃泡，泡的下半部是由 SiO_2 基质中加入 Na_2O 和少量 CaO 经烧结而成的玻璃薄膜，膜厚约 $30 \sim 100 \mu m$，泡内装有 pH 值一定的缓冲溶液（内参比溶液），其中插入一支 Ag-AgCl 电极作为内参比电极，就构成了玻璃电极。玻璃电极的选择性主要取决于玻璃组成。玻璃电极在使用前必须经过活化处理，即将其浸泡在与待测溶液浓度相近的溶液中一段时间以后才能使用。

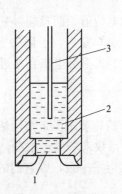

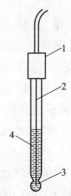

图 3-19　晶体膜电极结构

1—晶体膜；2—内充液（$0.1mol \cdot L^{-1}NaF$-$0.1mol \cdot L^{-1}NaCl$）；

3—Ag-AgCl 内参比电极

图 3-20　玻璃膜电极

1—绝缘套；2—Ag-AgCl 电极；

3—玻璃膜；4—内部缓冲溶液

3. 流动载体电极

流动载体电极（图 3-21）是将电活性物质（如被测离子的盐类）溶于适当的有机溶剂中，将制成的有机离子交换剂置于多孔惰性材料（如陶瓷膜、聚氯乙烯膜，纤维素渗膜等）支持体上，再浸上液体离子交换剂形成电极薄膜。电极结构简单，易于制作，适用范围广。如钙离子选择电极，内参比溶液为 $0.1mol \cdot L^{-1} CaCl_2$ 水溶液，另一种有机离子交换剂是用 $0.1mol \cdot L^{-1}$ 二癸基磷酸钙溶解在苯基磷酸二辛酯中制成。在薄膜两边发生交换反应：

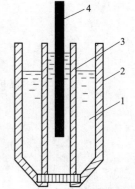

图 3-21　流动载体电极结构
1—多孔膜；2—液体离子交换剂；3—内参比溶液；4—内参比电极

$$[(RO)_2PO_2]_2^- Ca^{2+} \rightleftharpoons 2(RO)_2PO_2^- + Ca^{2+}$$

（有机相）　　　　（有机相）　　（水相）

当钙离子活度在 $10^{-5} \sim 10^{-1} mol \cdot L^{-1}$ 范围内，电极响应符合能斯特方程。而且对 Ca^{2+} 的选弹性高于 Mg^{2+}。

3.7.2　离子选择性电极的性能

（1）选择性。选择性是指对待测离子与干扰离子响应程度的差异，是由膜材料本身决定的。电极选择性好坏可用选择性系数 K 表示，表示电极对同一溶液中被测离子和干扰离子所引起的电位响应能力的比较。例如 $K_{H+/Na+} = 10^{-11}$，其含义是：H^+ 与 Na^+ 在电极上有相同响应值时，H^+ 与 Na^+ 两离子活度的比值，表示此电极对 H^+ 离子的响应比同样活度的 Na^+ 离子的响应大 10^{11} 倍，由此看出 K 值越小越好，一般 K 值在 10^{-4} 以下不干扰测定。

（2）稳定性。稳定性是指在一定条件下，能斯特方程中的 E^0 值可在多长时间内保持恒定。电极表面的玷污或物理性质的变化，影响电极的稳定性。电极的良好清洗，浸泡处理，固体电极的表面抛光等都能改善这种情况。电极密封不良，胶粘剂选择不当，或内部导线接触不良等也导致电位不稳定。

（3）响应时间。响应时间是指从一对电极浸入到待测溶液中，至读出稳定电极电位值所需的时间。离子选择电极响应速度一般较快，多数电极响应时间在 $1 \sim 5min$ 内，响应速度与待测离子浓度、膜的性质、温度和共存离子种类及浓度等有关。溶液愈稀响应时间愈长。

（4）温度和 pH 值范围。温度变化不仅影响测定的电位值，而且超过某一温度范围往往电极会失去正常的响应性能。一般使用温度下限为 $-5℃$ 左右，上限为 $80 \sim 100℃$。离子选择电极的 pH 范围与电极类型和所测溶液浓度有关、大多数电极在接近中性的介质中进行，且有较宽的 pH 范围。

3.7.3　离子选择性电极测定离子活度的方法

应用离子选择性电极测得的是离子活度，而一般分析则要求测定溶液浓度，活度和浓度的关系为：$a_i = \gamma_i c_i$，在实际工作中，很少通过活度系数来求离子浓度，而是采用标准溶液比较法，只要控制标准溶液和待测溶液总离子强度近乎一致，则它们的活度系数基本相同，在这种情况下，能斯特方程可以表示为

$$E = E^0 \pm \frac{RT}{nF}\lg c_i \tag{3-8}$$

式中：E^0 的数值与温度、膜的特性、内参比溶液、参比电极电位及液接电位等有关，

其数值在一定实验条件下为常数。这时电极电位与待测离子浓度呈线性关系，因此通过测量电极电位即可求出离子浓度。

■ 3.8 电导分析法

当两个电极插入溶液中时，可以调出两电极间的电阻 R。根据欧姆定律，温度一定时，该电阻值与电极的间距 $L(cm)$ 成正比，与电极的截面积 $A(cm^2)$ 成反比，即：

$$R = \rho L/A \tag{3-9}$$

式中：ρ 为比例常数，称作电阻率；L/A 为称为电导池常数，用 Q 表示。

因电导是电阻的倒数，电导用 S 表示，则：

$$S = 1/R = 1/\rho \cdot Q \tag{3-10}$$

而电导率是电阻率的倒数，用 K 表示，则

$$K = \frac{1}{\rho} = QS = \frac{Q}{R} \tag{3-11}$$

电导池常数 Q 值，通常由电导率 K_{KCl} 值已知的 KCl 溶液，用实验方法测出电导 S_{KCl} 后求得

$$Q = \frac{K_{KCl}}{S_{KCl}} = K_{KCl} \cdot R_{KCl} \tag{3-12}$$

因此，当已知电导池常数 Q，并测出溶液样品的电阻后，便可由公式求出电导率。

■ 3.9 库仑分析法

库仑分析法理论基础是法拉第电解定律：物质在电极上析出产物的质量 m 与通过电解池的电量 Q 成正比，数学表达式为：

$$m = \frac{M}{nF}Q, \text{或 } m = \frac{M}{nF}it \tag{3-13}$$

式中，Q 为通过电解池的电量（库仑 C）；n 为电极反应中的电子数；F 为法拉第常数（96487c mol^{-1}）；M 为其摩尔质量（gmol^{-1}）；m 为析出物质的质量（g）；i 为电解时的电流强度，t 为电解时间。

库仑分析法通过对试样溶液进行电解，测量电解过程中所消耗的电量，由法拉第电解定律即可计算出被测物质的含量。

库仑分析法的特点：分析快速，常用于痕量物质的分析，具有很高准确度；被测物不一定在电极上沉积，要求电流效率为 100%；不需要基准物质和标准溶液。

电流效率（η_e）是指被测物质所消耗的电量（Q_s）与通过电解池的总电量（Q_t）之比。实际应用中 100% 的电流效率很难实现，影响电流效率的主要因素：①溶剂的电极反应。抑制方法：控制工作电极电位和溶液 pH；②电活性杂质在电极上的反应。抑制方法：纯试剂作空白校正或通过预电解除去杂质；③溶液中可溶性气体的电极反应，水中溶解氧，抑制方法：电解前通入惰性气体数分钟或在惰性气体下电解；④电极自身参与反应，抑制方法：用惰性电极或其他材料制成的电极；⑤电解产物的再反应，抑制方法：选择合适的电解液或电极等；⑥共存元素的电解，抑制方法：预先进行分离。

■ 3.10　极谱分析法

极谱分析法由捷克化学家海洛夫斯基于 1922 年创建，经过化学工作者不断发展和完善，除经典直流极谱法外，又产生一系列现代极谱方法和技术。

3.10.1　直流极谱法

直流极谱法通常称为经典极谱法，是一种在特殊电解条件下的电化学分析方法，是根据电解过程中得到的电流-电压关系曲线进行定性、定量分析的方法，最适宜测定的浓度范围为 $10^{-5} \sim 10^{-2} mol/L$。直流极谱法实验装置分为三部分：电解池、外加电压装置和测量微电流装置（图 3-22）。E 为直流电源，AB 为滑线电阻，加于电解池两电极上的电压可通过移动触点 C 来调节。V 为伏特计，G 为检流计。两个电极，一是滴汞电极（负极），二是汞池电极或饱和甘汞电极（SCE）。滴汞电极是一支上部连接贮汞瓶（H）的毛细管，将汞滴有规则地滴入电解池（D）溶液中。因为汞滴表面积小，故在电解过程中电流密度较大，使滴汞周围液层的离子浓度与主体溶液中离子浓度相差较大，形成浓差极化，故称滴汞电极为极化电极。汞池电极或饱和甘汞电极表面积较大，电解过程中电流密度较小，不易发生浓差极化，电极电位不随外加电压的改变而变化，称为去极化电极。

在电解液保持静态的条件下，移动触点 C，使加于两电极间的电压逐渐增大，记录不同电压与相应的电流。以电压为横坐标，电流为纵坐标绘制二者的关系曲线。在未达到镉离子的分解电压时，只有微小的电流通过检流计（ab 段），该电流称为残余电流。当外加电压达到镉离子分解电压后，镉离子迅速在滴汞电极上还原并与汞结合成汞齐，电解电流急剧上升（bc 段）。当外加电压增加到一定数值后，电流不再随外加电压增加而增大，达到一个极限值（cd 段），此时的电流称为极限电流。极限电流减去残余电流后的电流称为极限扩散电流。当电流等于极限扩散电流一半时，滴汞电极的电位称为半波电位（$E_{1/2}$）（图 3-23）。

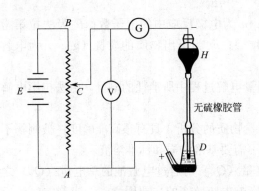

图 3-22　极谱分析基本装置

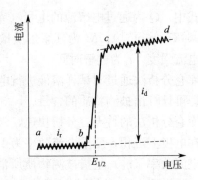

图 3-23　极谱波

极谱法定量分析的基础是：极限扩散电流与溶液中镉离子浓度成正比。

极谱法定性分析的依据是：不同的物质具有不同的半波电位。

滴汞电极上的极限扩散电流，可用尤考维奇（Ilkovic）公式表示：

$$i_d = 607nD^{1/2}m^{2/3}t^{1/6}c \tag{3-14}$$

式中：i_d 为平均极限扩散电流（μA）；n 为电极反应中电子的转移数；D 为电极上起

反应的物质在溶液中的扩散系数（cm²/s）；m 为汞在毛细管中的流速（mg/s）；t 为在测量 i_d 的电压时的滴汞周期（s）；c 为在电极上发生反应物质的浓度（mmol/L）。

当实验条件一定时，n、D、m、t 均为定值，极限扩散电流表达式可简化成：

$$i_d = Kc \tag{3-15}$$

因此，测定平均极限扩散电流 i_d 后，即可得到物质的浓度 c。在实际工作中，通常只需要测量极谱仪自动绘出的极谱波高，不必测量扩散电流的绝对值。

随着科技生产的发展，对于测定痕量或超痕量的元素，经典极谱法已不能适应新的要求。逐渐发展了一些新的极谱分析法，其中已得到广泛应用的有：示波极谱法、溶出伏安法、极谱催化波、单扫描极谱法、差分脉冲极谱法等。

3.10.2 示波极谱法

示波极谱法是一种用电子示波器观察极谱电解过程中电流-电压曲线的分析方法。锯齿波脉冲电压发生器产生快速扫描电压代替了经典极谱法中的可变直流电压源，故电流-电压曲线的记录，必须用快速跟踪的阴极射线示波器。锯齿波快速扫描电压通过电阻（R）形成电压降，产生电流，经垂直放大后，送给垂直偏向板，而加于电极上的电压，经水平放大后，送给水平偏向板（图 3-24）。从示波器的荧光屏上就能直接观测电流-电压曲线（图 3-25）。极谱曲线呈现峰状的原因，可将滴汞电极在扫描时近似看作固定面积的电极来解释：由于施加的扫描电压很快，当达到待测离子分解电压时，滴汞电极表面液层中的待测离子瞬间几乎被全部还原，呈现电流迅速上升，但主体溶液中的待测离子还尚未来得及补充时，汞滴滴下，扫描电压又降到起始值，故电解电流下降。

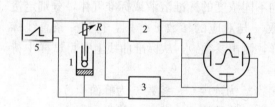

图 3-24 示波极谱仪工作原理

1—极谱电解池；2—垂直放大器；3—水平

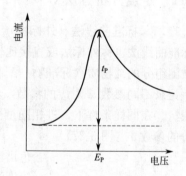

图 3-25 示波极谱曲线

示波极谱法定量分析的基础：当汞滴面积固定，电压扫描速度恒定时，峰值电流（i_p）与试液中待测离子浓度成正比。

示波极谱法定性分析的依据：当底液组成一定时，与峰值电流相应的滴汞电极电位（E_p）取决于待测离子的性质。

示波极谱法适用于测定气体样品、工业废水和生活污水中的镉、铜、铅、锌、镍。

3.10.3 溶出伏安法

溶出伏安法又称反向溶出极谱法，是一种将恒电位电解富集法和伏安法相结合的极谱分析方法。首先将欲测物质在适当电位下进行恒电位电解，并富集在固定表面积的特殊电极上，然后反向改变电位，让富集在电极上的物质重新溶出，同时记录电流—电压曲线，根据溶出过程中所得到的伏安曲线来进行定量分析。

若用阴极溶出反应，称为阴极溶出伏安法。在阴极溶出伏安法中，被测离子在预电解的阳极过程中形成一层难溶化合物，然后当工作电极向负的方向扫描时，这一难溶化合物被还原而产生还原电流峰。阴极溶出伏安法可用于卤素、硫、钨酸根等阴离子的测定。相反，若用阳极溶出反应，称为阳极溶出伏安法，常用于检测稀溶液中金属元素的含量。

溶出伏安法包含电解富集和电解溶出两个过程。

首先是富集过程。将工作电极固定在产生极限电流电位（图 3-26 中 D 点）上进行电解，使被测物质富集在电极上。为了提高富集效果，可同时使电极旋转或搅拌溶液，以加快被测物质输送到电极表面。

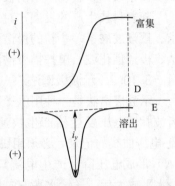

图 3-26　阳极溶出伏安法极化曲线

其次是溶出过程。经过一定时间的富集后，停止搅拌，再逐渐改变工作电极电位，电位变化的方向应使电极反应与上述富集过程电极反应相反。记录所得的电流—电位曲线，称为溶出曲线，呈峰状，如图 3-26 所示，峰电流的大小与被测物质的浓度有关。

由于溶出伏安法的灵敏度很高，故在超纯物质分析中具有实用价值，此外，在环境监测、食品、生物试样等中微量元素的测定中也得到了广泛的应用。

■ 3.11　定量分析方法

3.11.1　标准曲线法（外标法）

标准曲线法也称外标法或直接比较法，是一种简便、快速的定量方法。具体方法是：①用被测组分的纯物质（标准物）配制一系列不同浓度的标准溶液或标准气体，分别定量进样，记录不同参数 x 对应的参数 y，用参数 y 与对应的参数 x 作图，得到一条直线标准曲线；②在同样条件下，进相同量被测试样，测出参数 y，从标准曲线上查得试样中待测组分的参数 x（图 3-27）。

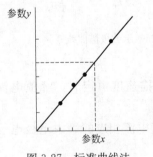

图 3-27　标准曲线法

色谱法中，参数 x 为浓度 C，参数 y 为峰面积 A。

光度法中，参数 x 为浓度 C，参数 y 为吸光度 A。

电化学法中，参数 x 为电动势 E，参数 y 为电流 I。

与内标法相比，外标法不是把标准物质加入被测样品中，而是在与被测样品相同的色谱条件下单独测定，把得到的色谱峰面积与被测组分的色谱峰面积进行比较，求得被测组分的含量。

使用该方法时应注意：配制的标准溶液浓度应在吸光度与浓度成线性的范围内，也就是，外标物的浓度应与被测物浓度相接近；整个分析过程中操作条件应保持不变，以利于定量分析的准确性。

标准曲线法的优点：绘制好标准工作曲线后，测定工作就很简单，计算时可直接从标准工作曲线上读出含量，适合对大量样品进行分析。特别是标准工作曲线绘制后，可以使用一段时间，在此段时间内可经常用一个标准样品对标准工作曲线进行单点校正，以确定该标准曲线是否还可使用。

标准曲线法的缺点：每次样品分析的测试条件很难完全相同，因此容易出现较大误差。此外，标准曲线绘制时，一般使用待测组分的标准样品，而实际样品的组成却千差万别，因此必将给测量带来一定的误差。

3.11.2 内标法

1. 内标法

内标法：内标法是色谱分析中一种比较准确的定量方法，尤其在没有标准物对照时，此方法更显其优越性。选择一种在试样中不存在，其色谱峰位于被测组分色谱峰附近的纯物质作为内标物。将接近被测组分含量 C_s 的内标物加入标准溶液和试样溶液中，内标物在标准溶液和试样溶液中的浓度都相等，分别进样，测量色谱峰面积，以被测组分峰面积与内标物峰面积的比值 A_i/A_s 为纵坐标，对应的浓度 C_i/C_s 为横坐标，得到标准曲线。根据试样中被测组分与内标物两种物质峰面积的比值 A_i/A_s，从标准曲线上查到 C_i/C_s，由于 C_s 为已知，故可查知被测组分浓度 C_i（以气相色谱法为例）。

内标法的关键是选择合适的内标物（图 3-28）。内标物应是原样品中不存在的纯物质，该物质的性质应尽可能与待测组分相近，不与被测样品起化学反应，同时要能完全溶于被测样品中。内标物的色谱峰应尽可能接近待测组分的色谱峰，或位于几个待测组分的色谱峰中间，但必须与样品中的所有色谱峰不重叠，即完全分开。

内标法的优点：进样量的变化，色谱条件的微小变化对内标法定量结果的影响不大，特别是在样品前处理（如浓缩、萃取，衍生化等）前加入内标物，然后再进行

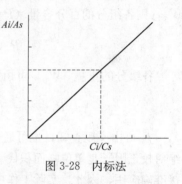

图 3-28　内标法

前处理时，可部分补偿待测组分在样品前处理时的损失。若要获得很高精度的结果时，可以加入数种内标物，以提高定量分析的精度。

内标法的缺点：选择合适的内标物比较困难，内标物的称量要准确，使用内标法定量时，要测量待测组分和内标物两个峰的峰面积（或峰高），操作较麻烦。

2. 标准加入法

标准加入法实质上是一种特殊的内标法，是在选择不到合适的内标物时，以待测组分的纯物质为内标物，加入待测样品中，然后在相同的色谱条件下，测定加入待测组分纯物质前后待测组分的峰面积（或峰高），从而计算待测组分在样品中的含量的方法（以原子吸收光谱法为例）。取 4 份相同体积的试样溶液，从第 2 份试样起，按比例加入不同量的待测组分的标准溶液，稀释至某一相同体积。设稀释后的试样中待测元素的浓度为 c_x，加入的该组分的浓度分别为 0、c_0、$2c_0$、$4c_0$，则加入标准溶液后的浓度分别为 c_x+0、c_x+c_0、c_x+2c_0、c_x+4c_0，分别测得 4 份溶液的吸光度为 A_x，A_1，A_2，A_4。以吸光度 A 对浓度 c 作图，得到一条不通过原点的直线，外延此直线与横坐标交于 c_x，即为试样溶液中待测组分的浓度，见图 3-29。为得到较为准确的外推结果，应最少用，4 个点来作外推曲线；加入标准溶液的浓度应尽可能与待测组分相近，$c_x \approx c_0$，应尽量避免斜率过大或过小，减小作图的误差。该方法只能消除基体效应的影响，而不能消除背景吸收的影响，故应扣除背景值。

标准加入法的优点：只需待测组分的纯物质作内标物，不需要另外的标准物质，操作简单。若在样品的前处理之前就加入已知准确量的待测组分，则可以完全补偿待测组分在前处理过程中的损失，是色谱分析中较常用的定量分析方法。

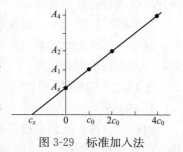

图 3-29　标准加入法

标准加入法的缺点：要求加入待测组分前后两次色谱测定条件完全相同，以保证两次测定时的校正因子完全相等，否则将引起分析测定的误差。

3.11.3　归一化法

把所有出峰的组分含量之和按 100% 计的定量方法，称为归一化法。归一化是一种简化计算的方式，即将有量纲的表达式，经过变换，化为无量纲的表达式。以气相色谱法为例，如果试样中各组分都能出峰，则使用归一化法比较简单，其一次进样可测定出所有组分的含量。设试样中各组分的重量分别为 W_1、W_2、…、W_n，则各组分的百分含量（P_i）为：

$$P_i(\%)=\frac{W_i}{W_1+W_2+\cdots+W_n}\times 100 \tag{3-16}$$

各组分的重量（W_i）可由重量校正因子（f_w）和峰面积（A_i）求得，即：

$$P_i(\%)=\frac{A_i f_{w(i)}}{A_1 f_{w(1)}+A_2 f_{w(2)}+\cdots+A_n f_{w(n)}}\times 100 \tag{3-17}$$

f_w 可由文献查知，也可通过实验测定。校正因子分为绝对校正因子和相对校正因子。绝对校正因子是单位峰面积代表某组分的量，$W_i=f'_i A_i$，但其受测定条件影响，无法直接准确应用，因此，实际工作中主要使用相对校正因子，它是被测组分与某种标准物质在相同测量条件下所得绝对校正因子的比值。常用的标准物质是苯（用于 TCD）和正庚烷（用于 FID）。当物质以重量作单位时，称为相对重量校正因子（f_w），即：

$$f_w=\frac{f'_{w(i)}}{f'_{w(s)}}=\frac{A_s \cdot W_i}{A_i \cdot W_s} \tag{3-18}$$

式中：$f'_{w(i)}$、$f'_{w(s)}$ 分别为被测物质和标准物质的绝对校正因子；W_s、A_s 分别为标准物质的重量和峰面积；W_i、A_i 分别为组分的重量和峰面积。

自测校正因子时，也可用峰高代替峰面积计算，但计算含量时也应用峰高。从色谱手册中查到的校正因子都是相对校正因子。但不同类检测器的校正因子不能互用。

思　考　题

1. 简述气相色谱法的基本流程，及各主要部分的功能。
2. 简述热导池检测器、氢火焰离子化检测器、电子捕获检测器的工作原理。
3. 高效液相色谱仪由哪些部分组成？各部分的作用是什么？
4. 高效液相色谱的显著特征是什么？
5. 高效液相色谱中常用哪些检测器？各有什么特点？
6. 朗伯-比尔定律的内容和适用条件是什么？

7. 分光光度计的基本组成有哪几部分？各自的主要作用是什么？

8. 荧光光度计与分光光度计比较，两者在光路结构上有什么区别？

9. 简述原子吸收分光光度法测定金属元素的原理。

10. 原子吸收法与紫外可见分光光度法有何异同？

11. 原子吸收法的定量依据是什么？

12. 原子化系统中，为什么要采用喷雾器？

13. 叙述火焰原子化器的基本结构和工作原理。

14. 叙述石墨炉原子化器的工作原理和工作步骤。

15. 简述经典极谱法、溶出伏安法、示波极谱法测定水中金属元素的原理。

16. 简述阳极溶出伏安法、示波极谱法测定金属元素的电极过程。

17. 极谱分析与普通电解分析有何异同之处？

18. 什么叫电导分析？采用什么方法测量溶液电导？

第4章 有毒有害物质检测

4.1 有毒有害物质基础

人类赖以生存的环境要素之一是清洁的空气。据资料介绍，每人每日平均吸入 $10\sim12m^3$ 的空气，在 $60\sim90m^2$ 的肺泡面积上进行气体交换，吸收生命所需的氧气，用以维持人体正常的生理活动。如果有毒有害物质进入工作场所的空气中，就会直接危害劳动者的身体健康。

4.1.1 基本概念

（1）毒物。毒物是指在一定条件下，给予小剂量后，可与生物体相互作用，引起生物体功能性或器质性改变，导致暂时性或持久性损害，甚至危及生命的化学物。

（2）工业毒物。工业毒物是指在劳动生产过程中所使用或产生的毒物。

（3）有毒气体。有毒气体是指作用于生物体，能使机体发生暂时或永久性病变，导致疾病甚至死亡的气体。

（4）有害气体。有害气体是指对人体毒性较小，但危害健康的所有气体或挥发的蒸气。

（5）有毒化学品。有毒化学品是指进入环境后以通过环境蓄积、生物蓄积、生物转化或化学反应等方式损害健康和环境，或者通过接触对人体具有严重危害和具有潜在危险的化学品。

（6）职业病。职业病是指企业、事业单位和个体经济组织的劳动者在职业活动中，因接触粉尘、放射性物质和其他有毒有害物质等因素而引起的疾病。

（7）职业接触限值。职业接触限值是指劳动者在职业活动中，长期反复接触，对绝大多数接触者的健康不引起有害作用的容许接触水平，是职业性有害因素的限量标准。

4.1.2 有毒有害物质的来源和接触环节

1. 有毒有害物质的来源

作业场所有毒有害物质主要来源于三个方面：①容器、管道及生产设备的泄漏；②工作场所散发的原料及生成物；③工矿企业排放的污染物。

2. 有毒有害物质的接触环节

接触生产性毒物主要有两个环节，即原料的生产和应用。①原料的开采与提炼。材料的加工、搬运、储藏，加料和出料，以及成品的处理、包装等。②在生产环节中，许多因素也可导致作业人员接触毒物，如化学管道的渗漏，化学物的包装或储存气态化学物钢瓶的泄漏，作业人员进入反应釜出料和清釜，物料输送管道或出料口发生堵塞，废料的处理和回收，化学物的采样和分析，设备的保养、检修等。③有些作业虽未应用有毒物质，但在一定的条件下亦可接触到毒物，甚至引起中毒。例如，塑料加热可接触到热裂解产物。在有机物堆积且通风不良的狭小场所（地窖、矿井下废巷、化粪池等）作业，可发生硫化氢中毒。

4.1.3 有毒有害物质的状态

有毒有害物质存在的物理状态分为气、液、固三种，在劳动环境中可细分为粉尘、烟尘、雾、气体、蒸气和气溶胶。

①粉尘：直径大于 $0.1\mu m$ 的固体颗粒，多为固体物质在机械粉碎、碾磨、钻孔时形成。

②烟尘：烟尘是悬浮于空气中直径小于 $0.1\mu m$ 的固体颗粒，是某些金属在高温下熔化时产生的蒸汽逸散到空气中，在空气中氧化凝聚而成。如炼钢时所产生的氧化锌烟尘、熔铅时所产生的氧化铅烟尘等。

③雾：雾为悬浮于空气中的液体微滴，如酸雾；或由液体喷发而成，如喷漆作业中的含苯漆雾、喷洒农药时的药液雾等。

④气体：在常温常压下，污染物以气体状态分散在空气中。常见的气体污染物有：氧化碳、二氧化碳、氮氧化物、臭氧、氮化氢等。

⑤蒸气：污染物在常温常压下是液体或固体，但由于其沸点低或熔点低，易挥发或具有升华性质，因而以蒸气状态存在于空气中。如苯、甲苯、汞蒸气、碘蒸气等。气体或蒸气以分子状态分散于空气中，运动速度较大，在空气中分布比较均匀，其扩散情况与比重有关，相对密度小的向上飘浮，相对密度大的向下沉降。这类污染物受气温和气流的影响，可以传输到很远的地方，所以受害人群不一定都是现场作业人员。

⑥气溶胶：是指悬浮在空气中的固态或液态颗粒与空气组成的多相分散体系。气溶胶由于粒度大小不同，物理性质差异很大。微小颗粒几乎像气体分子一样地扩散，受布朗运动所支配，能聚集或凝集成较大的颗粒。较大的颗粒则受重力影响大，易沉降。气溶胶的化学性质受颗粒物的化学组成和表面吸附物质的影响。颗粒物的分类方法很多，分类依据尚不统一。

4.1.4 有毒有害物质进入人体的途径

有毒有害物质可经呼吸道、皮肤和消化道进入体内。在工业生产中，有毒有害物质主要经呼吸道和皮肤进入体内，亦可经消化道进入，但比较次要。

（1）呼吸道。呼吸道是工业生产中毒物进入体内的最重要的途径。凡是以气体、蒸气、雾、烟、粉尘形式存在的毒物，均可经呼吸道侵入体内。人的肺内由亿万个肺泡组成，肺泡壁很薄，壁上有丰富的毛细血管，毒物一旦进入肺内，很快就会通过肺泡壁进入血液循环而被运送到全身。通过呼吸道吸收最重要的影响因素是浓度，浓度越高，吸收越快。

（2）皮肤。在工业生产中，毒物经皮肤吸收引起中毒也比较常见。脂溶性毒物经表皮吸收后，还需有水溶性，才能进一步扩散和吸收，所以水、脂溶的物质（如苯胺）易被皮肤吸收。

（3）消化道。在工业生产中，毒物经消化道吸收多半是由于个人卫生习惯不良，手沾染的毒物随着进食、饮水或吸烟等进入消化道。进入呼吸道的难溶性毒物被清除后，可经由咽部被咽下，而进入消化道。

4.1.5 有毒有害物质的毒理作用

毒物进入机体后，通过各种屏障，转运到一定的系统、器官或组织细胞中，经过代谢转化，或未经代谢转化在靶器官与一定的受体或细胞成分相结合，产生毒理作用。中毒机理可分为：

（1）对酶系统的干扰。生化作用是构成整个生命的基础，而酶在这一过程中起着极其重要的作用，毒物可作用于酶系统的各个环节，使酶失去活性，从而干扰维持生命所需的正常代谢过程，导致中毒症状。

（2）对氧的吸收、运输的阻断作用。许多单纯性窒息气体如氢、氮、氦、一氧化碳、甲烷等，当含量较大时，氧气含量相对减少，导致吸入氧气不足而窒息。刺激性气体造成肺水肿而使肺泡气体交换受阻。一氧化碳对血红蛋白有特殊的亲和力，两者结合生成碳氧血红蛋白，使其失去正常的携氧能力，造成氧气的输送受阻，导致组织缺氧。硝基苯、苯胺等毒物与血红蛋白作用生成高铁血红蛋白，硫化氢与红蛋白作用生成硫化血红蛋白，砷化氢与红细胞作用造成溶血，使血蛋白释放，这些作用都会使红细胞失去输氧功能。

（3）对脱氧核糖核酸（DNA）和核糖核酸（RNA）合成的干扰。DNA是细胞核最主要的部分。染色体（遗传物质的载体）是由双股螺旋结构的DNA分子构成。长链DNA中贮存了遗传信息。DNA的信息是通过"信使"DNA被转录，最后被翻译到蛋白质中。毒物作用于DNA和RNA的合成过程，而产生突变、畸变、致癌作用。

（4）对局部组织的刺激与腐蚀作用。凡能与机体的组织成分发生化学反应的物质，均可对组织产生直接的刺激作用或腐蚀作用，造成局部损伤。低浓度时表现为刺激作用，如对眼、呼吸道等膜的刺激；高浓度的强酸或强碱可导致腐蚀或坏死。

（5）组织毒性。组织毒性表现为细胞变性，并伴有大量空泡形成，脂肪蓄积和细胞结构损伤。在肝、肾组织中毒物的浓度总是比较高，所以这些器官易产生组织毒性反应。

（6）致敏作用。过敏反应的产生往往是机体初始接触一种化学物质作为抗原，诱发免疫系统生成细胞或体液的新蛋白质，即抗体；然后在接触同种抗原时，则形成抗原—抗体反应。某些化学物质或其代谢产物可作为一种半抗原，与内生性蛋白质结合成抗原。所以，第一次接触抗原性的物质往往不产生细胞损害，但产生了"致敏作用"，诱发机体产生抗体，再次接触抗原性物质时，则产生变质性过敏反应损害细胞。在抗原和抗体的反应中，常常释放组胺和徐缓激肽一类物质，这些物质是真正引起过敏反应的物质。

4.1.6　有毒有害物质毒性表示方法

研究或表示一种化学物质的毒性时，最常用的是剂量—反应关系是以实验动物的死亡作为反应终点，测定毒物引起动物死亡的剂量或浓度。经口或经皮肤进行实验时，剂量常以 mg/kg 表示，即换算成每千克动物体重需要毒物的毫克数。评价毒物的急性、慢性毒性的常用指标有：

（1）半数致死量（LD_{50}）或半数致死浓度（LC_{50}）：引起染毒动物半数（50%）死亡的剂量或浓度。这是表征物质毒性大小的参数中使用率最高的参数，也是化学品安全技术说明书中必须列入的参数。

（2）绝对致死量（LD_{100}）或绝对致死浓度（LC_{100}）：引起全组染毒动物全部（100%）死亡的最小剂量或浓度。

（3）最大耐受量（LD_0）或最大耐受浓度（LC_0）：全组染毒动物全部存活，一个不死的最大剂量或浓度。

（4）最小致死量（MLD）或最小致死浓度（MLC）：在全组染毒动物中引起个别动

物死亡的剂量或浓度。

(5) 急性阈剂量或浓度：(Lim_{ac}) 一次染毒后，引起实验动物某种有害反应的最小剂量或浓度。

(6) 慢性阈剂量或浓度（Lim_{cb}）：在长期多次染毒后，引起实验动物某种有害反应的最小剂量或浓度。

(7) 慢性"无作用"剂量或浓度：在慢性染毒后，实验动物未出现任何有害作用的最大剂量或浓度。

4.1.7 有毒有害物质浓度表示方法

(1) 体积表示法。以每立方米空气中的有毒有害物质的毫升数表示，即 mL/m^3（百万分之一），相当于 10^{-6} 量级。这种浓度表示法主要用于气态污染物，不适用于以气溶胶状态存在的物质。当有害物浓度更低时可以采用 10^{-6}（十亿分之一）或 10^{-9}（万亿分之一）表示，但是体积表示法不是我国的法定计量单位。

(2) 质量体积表示法。以每立方米空气中有毒有害物质的毫克数表示，即 mg/m^3，这是我国法定计量单位之一，适用于气态和气溶胶状态的空气危害物的浓度表示。

(3) 个数、体积表示法。以每立方厘米空气中含有多少个分子、原子或自由基表示，即个数/cm^3。通常用于大气化学中极低浓度水平的表示。

4.1.8 有毒有害物质的换算

1. 换算的基础

(1) 空气的组成。在标准状况下，按体积百分比计算大气的正常组成是：氮气 78.09%，氧气 20.94%，这两种气体是空气的主要成分，占空气总体积的 99.03%，其余的主要是氩气和二氧化碳，为空气中的次要成分；此外，在大气中还有微量的氦、氖、氪、氨、臭氧、一氧化碳、二氧化氮、二氧化硫等。

(2) 空气的温度。衡量温度高低的标准体系有：开氏温标（K）、摄氏温标（℃）、华氏温标（℉），其中开氏温标和摄氏温标属国际单位制，两者的换算关系为：$T(K)=t(℃)+273.16$。若无特别说明，空气的温度一般指离地面（或工作点）1.5m 上下，在通风、防辐射的条件下用温度计读取的温度。人体感觉最舒适的气温为 $21\sim25℃$，人所处的环境温度在此范围内时，体温相当稳定，人体产热和散热保持动态平衡。若环境温度过高或过低，可使机体热平衡受到破坏而处于温度应激状态，所以，劳动场所的气温是评价工作条件好坏的一个参数。

(3) 空气的压力。大气压强简称为气压，大气流体中的压强，即气压由空气产生的压强。测定空气的压力，实际上是测定空气的压强。气压的常用单位为帕斯卡（Pa），标准大气压力为 101.325kPa。气体的体积与气压有关，故采样时应测量采样现场的气压，便于计算结果时，将采样体积换算为标准状态下的体积。测定气压常用的仪器有动槽式水银气压计和空盒气压计。

2. 采样体积的换算

由于空气样品的采集是在不同的气象条件下进行的，为了使有毒有害物质的测定结果具有可比性，能与国家相关职业卫生标准进行比较，需要对所采样品的体积进行换算。为此，在采集空气样品时，应记录采样时的气温和大气压力，然后根据气态方程换算成标准状况下的采样体积。温度和压力校正的计算公式为：

$$V_0 = \frac{V_t T_0 P}{T P_0} = V_t \times \frac{273 \times P}{(273+t) \times 101.3} \tag{4-1}$$

式中，V_0 为换算成标准状况下的采气体积（L），K 为在气温为 t（℃）、压力为 P（kPa）时的采样体积（L），T_0、P_0 分别为标准状态下的气温（273K）和气压（101.3kPa）。

【例 4-1】 某采样点的气温为 10℃ 和 20℃，大气压力为 98kPa，所采集的空气样品体积均为 20L。换算成标准状况下的采气体积为：

$$V_0 = 20 \times \frac{273 \times 98}{(273+10) \times 101.3(\text{L})} = 18.6(\text{L}) \tag{4-2}$$

3. 浓度的换算

我国颁布的居住区大气和车间空气中有害物质的最高容许浓度，以及公共场所空气质量卫生标准中，空气污染物的浓度以 mg/m^3 表示。但国外文献中常以体积表示法（10^{-6} 或 10^{-9}）表示空气污染物的浓度. 这两种浓度表示法之间可以相互进行换算。

换算成 mg/m^3；其换算公式如下：

$$mg/m^3 = \frac{M \times 10^{-6}}{22.4} \tag{4-3}$$

式中，M 为污染物的分子量；22.4 为 1 摩尔质量的气体在标准状况下的体积（L）。

■ 4.2 有毒有害物质的采集

对有毒有害物质进行检测，第一步就是采集有毒有害物质样品，简称采样。采样直接关系到检测结果的可靠性，如果采集方法不正确，无论仪器的灵敏度和准确度有多高，无论分析者的操作有多娴熟，无论对测试结果的处理有多得当，检测结果也是毫无意义的，有时甚至会产生非常严重的后果。

（1）采样点的选择原则。采样点是指采样时，采样收集器安放的位置。

①选择有代表性的工作地点。有代表性的工作地点应包括有毒有害物质浓度最高、劳动者接触时间最长的工作地点。人员受毒性影响的程度与物质毒性大小、浓度高低、暴露于该环境时间的长短三个因素有关。根据"最大危险原则"，应该选择对人员健康威胁最大的地点；②靠近劳动者呼吸位置。在不影响劳动者工作的情况下，采样点尽可能靠近劳动者，尽量接近劳动者工作时的呼吸带。呼吸带是指人员呼吸的高度，即鼻、口等器官的高度，一般为从站立地点（地板或操作台）计算 1.5m 高处；③反映检测的目的。在评价工作场所防护设备或措施的防护效果时，应根据设备的情况选定采样点，在工作地点，劳动者工作时的呼吸带进行采样。如果是评价防毒工程措施净化效率，应在设备的进口和出口的断面布点；如果是评价防毒工程措施的效果，应在开启通风净化装置前后设定采样点；④考虑气体流向。采样点应设在工作地点的下风向流的地点。

（2）采样点数目的确定。在产品的生产工艺流程小，凡逸散或存在有害物质的工作地点，至少应设置 1 个采样点。一个有代表性的工作场所内有多台同类生产设备时，1～3 台设置 1 个采样点，4～10 台设置 2 个采样点，10 台以上时至少设置 3 个采样点。如果一个有代表性的工作场所内，有 2 台以上不同类型的生产设备，逸散同一种有害物质时，采样点应设置在逸散有害物质浓度大的设备附近的工作地点；逸散不同种有害物质时，将采样点分别设置在逸散有害物质的设备附近的工作地点，采样点的数目也应参照上述要求确定。劳动者在多个工作地点工作时，在每个工作地点都应设置 1 个采样点。劳动者工作位置是流动性的，在流动的范围内，一般每 10m 设置 1 个采样点。仪表控制室和劳动休息室，至少设置 1 个采样点。

（3）采样频率：是指单位时间内，在同一采样点的采样次数。进行日常检测时，采样频率可根据有关要求确定，或根据安全管理要求确定。进行有毒作业分级时的采样频率要根据以下要求确定：对被测有毒物质每年测定 2 次（冬、夏季各 1 次），每次测定应连续 2 天，每天每个采样点上、下午各采集一组平行样。如果是进行防毒工程措施效果评价的采样，其采样频率应为：对被测有毒物质每年测定 2 次（冬、夏季各 1 次），每次测定应连续 3 天，每天每个采样点上、下午各采集一组平行样。

（4）采样时机：是指采集到有代表性样品所规定的具有时间性的客观条件。一般要考虑以下三种情况：①应在生产设备正常运转及操作者正确操作状况下采样；②有通风净化装置的工作地点，应在通风净化装置正常运行的状况下采样；③如果在整个工作班内浓度变化不大的采样点，可在工作开始 1h 后的任何时间采样；如果在整个工作班内浓度变化大的采样点，每次采样应在浓度较高时进行，其中 1 次应在浓度最大时进行。

（5）采样方法：是指对被测有毒物质采样时所用的采样仪器设备及采样操作步骤。常用的采样收集器有吸收液及吸收管（大型气泡吸收管、小型气泡吸收管、多孔玻板吸收管和冲击式吸收管等）、滤料及采样夹、固体吸附剂管、注射器、塑料袋等，所用收集器应符合相应的仪器规格要求，在采样前必须进行检查、校验。采样器的气体流量计是最基础的定量计量器具，应尽量使用经过计量认证的流量计，采样前应连着收集器进行校正。

（6）采样动力：是指能在采样装置的末端产生负压，使样品流过采样器的抽气装置。采样动力应根据作业现场要求和采样方法的规定，选用相应的抽气装置。已颁布国家标准分析方法的被测有毒物质，应按标准规定的方法进行采样操作，未颁布国家标准分析方法的被测有毒物质，应按行业标准规定进行采样操作。被测有毒物质样品必须在标准分析方法规定的时间内测定，保证样品能反映真实情况。

4.2.1 采样方法

掌握各种采样方法的原理和特点是合理选择采样方法的基础。根据有毒有害物质存在的状态、浓度、理化性质和分析方法的灵敏度来选择合适的采样方法。采集样品的方法分为两大类：直接采样法和浓缩采样法。

1. 直接采样法

直接采样法又称集气法。将空气样品收集在合适的容器内，再带回实验室进行分析，采集过程未对空气样品中的被测物质进行浓缩。直接采样法适用于空气中有毒有害物质浓度较高、分析方法灵敏度较高、现场不适宜使用动力采样的情况。常用容器有玻璃集气瓶、注射器、塑料袋等。根据所用采集器和操作方法的不同，又可将直接采样法分为真空采样法、充气法和注射器法。

（1）真空采样法。选用 500～1000mL 两端具有活塞的耐压玻璃瓶或不锈钢制成的真空采气瓶，先用真空泵将其内的空气抽出，使瓶内剩余压力小于 2kPa，关闭活塞。然后将集气瓶带至采样点，将活塞慢慢打开，则现场空气立即充满集气瓶，关闭活塞。带回实验室立即分析。采样体积计算方法：

$$V_R = V_b \times \frac{P_1 - P_2}{P_1} \qquad (4\text{-}4)$$

式中：V_R 为实际采样体积（mL）；V_b 为集气瓶容积（mL）；P_1 为采样点采样时的大气压力（kPa）；P_2 为集气瓶内的剩余压力（kPa）。由于剩余气体对样品气体有稀释作用，所以测得浓度应再乘以校正系数 $P_1/(P_1 - P_2)$ 后才是原样品的浓度。换算成标准状态下的体积时要代入 V_R。

（2）充气采样法。用现场空气清洗塑料袋 3~5 次，再用大注射器抽取现场空气注入已排除空气的塑料袋内，夹封袋口，带回实验室分析。常用于采样的塑料袋有聚乙烯袋、聚氯乙烯袋、聚四氟乙烯袋和聚酯树脂袋。有些塑料袋内衬铝膜，减少对气体的吸附，有利样品稳定。例如，用聚氯乙烯袋采集空气中一氧化碳样品，只能放置 10~15h，而用铝膜衬里的聚酯袋采集同样的样品，可保存 100h 无损失。因此，用塑料袋采样，要事先作待测物的稳定性试验，以确定样品的合理贮存时间。

（3）注射器采样法。多选用气密性好的 100mL 注射器作为采集器。先用现场空气抽洗注射器 3~5 次，然后再抽取现场空气，将进气端套上塑料帽或橡皮帽。在存放和运输过程中，应使注射器活塞向上，保持近垂直位置，利用注射器活塞本身的重量，注射器内空气样品处于正压状态，防止外界空气渗入注射器内。

2. 浓缩采样法

如果有毒有害物质浓度较低，达不到分析方法检出限或气体状态不能被直接分析时，就不能采用直接采样法采样，而应采用浓缩法采样，同时对被测物进行浓缩，以便达到分析方法正常测定的浓度范围。浓缩采样法采样时间比直接采样法长，所得测定结果为采样时段内被测物质的平均浓度。

根据采样的原理，浓缩采样法又分为溶液吸收法、固体滤料采样法、低温冷凝浓缩法、静电沉降法和个体计量器采样法等。在实际选用时，应根据检测对象的浓度、性质、状态及目的和要求，结合各采样方法的特点和基本要求，选择合适的采样方法。

（1）溶液吸收法

溶液吸收法是采集气态、蒸气态及某些气溶胶物质的常用方法。利用空气中被测物质能迅速溶解于吸收液，或能与吸收液迅速发生化学反应生成稳定化合物的特性而设计的，因被测物质性质各异，不同测定对象所选用的吸收液也不一定相同。采样时，用抽气装置使空气样品通过装在气体采样管内的吸收液，气泡中被测物分子迅速扩散到气-液界面上而被吸收液吸收，使被测物质与空气分离。根据溶液的测定结果及采样体积，计算有毒有害物质的含量。溶液吸收法常用水、水溶液或有机溶剂等作吸收液。选择吸收液的原则：①吸收液应对被采集的有毒有害物质有较大溶解度或与其发生快速化学反应，吸收速度快，采样效率高；②采集的有毒有害物质在吸收液中应有足够长的稳定时间，保证在分析测定前不发生浓度变化；③所用吸收液组分对分析测定应无干扰；④选用的吸收剂应价廉、易得，且应尽量对人无毒无害。常用的吸收管有：

①气泡吸收管。有大型和小型气泡吸收管两种（图 4-1）。大型气泡吸收管可容纳 5~10mL 吸收液，采样速度一般为 0.5L/min；小型气泡吸收管可容纳 1~3mL 吸收液，采样速度一般为 0.3L/min。气泡吸收管的内管插在外管内。采样前，加入吸收液，外管管口与抽气装置相连，空气从内管上端进入吸收管。气泡吸收管内管尖内径约为 1mm，距

管底距离≤5mm；外管下部缩小，可使吸收液液柱增高，延长空气与吸收液的接触时间，利于吸收待测物；外管上部膨大。

②多孔玻板吸收管。多孔玻板吸收管（图 4-2）有直型和 U 形两种。玻板上有许多微孔，吸收管可装 5～10mL 吸收液，采样速度 0.5L/min。采样时，空气流过玻板上的微孔进入吸收液，由于形成的气泡细小，气体与吸收液的接触面积大大增加，吸收液对待测物的吸收效率较气泡吸收管明显提高。

③冲击式吸收管。冲击式吸收管（图 4-3）的管尖端内径很小（约 1mm），吸收管可装 5～10mL 吸收液，采样速度为 3L/min。烟、尘状态的待测物随气流以很快的速度冲出内管管口，因惯性作用冲击到吸收管的底部被分散，从而被吸收液吸收。冲击式吸收管适用于采集气溶胶和烟状物质，一般不适用于气体或蒸气状物质。

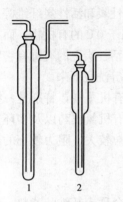 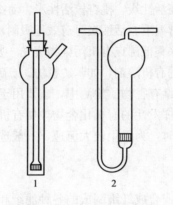 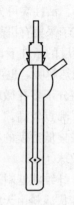

图 4-1　气泡吸收管　　　图 4-2　多孔玻板吸收管　　　图 4-3　冲击式吸收管

（2）填充柱采样法

填充柱采样法的主要装置是填充柱管，在一根长度（6～10cm）、内径（3～5mm）玻璃管（图 4-4）内填充适当颗粒状或纤维状的固体吸附剂。气体以 0.1～0.5L/min 的速度流过填充柱，欲测组分因吸附被截留在填充柱内，达到浓缩果样的目的。采样后，通过适当方式的解吸，把组分从填充柱上释放出来进行测定。填充柱采样管可用于采集气体、蒸气和气溶胶共存的有毒有害物质。

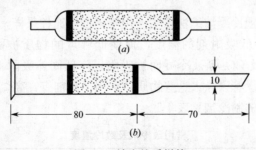

图 4-4　填充柱采样管

吸附剂有两种吸附作用：一种是由于分子间吸引力产生的物理吸附，吸附力较弱，容易用物理的方法使被吸附的物质解吸下来；另一种是因分子间亲和力的作用而产生的化学吸附，吸附力较强，不易用物理的方法解吸下来。

吸附作用遵循"相似相吸"的规律，即：对与吸附剂极性相似的物质吸附力大。一般说来，吸附能力越强，采样效率越高，但解吸也越困难。因此，在选择吸附剂时，不仅要考虑吸附效率，还要考虑是否易于解吸。常见的颗粒状吸附剂有硅胶、活性炭、素陶瓷、氧化铝和高分子多孔微球等。

①硅胶：硅胶是硅凝胶在115～130℃之间干燥脱水制得的多孔性产物，其表面分布着硅羟基（Si-OH）基团，是一种极性吸附剂，对极性物质有强烈的吸附作用。解吸方法有三种：加热至350℃的同时通以清洁空气洗脱或用氮气洗脱；用水、乙醇等极性溶剂洗脱；用饱和水蒸气在常压下蒸馏洗脱。

②活性炭：活性炭由含炭为主的物质作原料，经高温炭化和活化处理，除去孔隙中的树胶类物质，增加比表面积后而形成的非极性吸附剂，对非极性气体有较强的吸附能力。根据制备原料，活性炭可分为椰子壳活性炭、桃杏核活性炭、动物骨活性炭和活性炭纤维等。活性炭适宜于采集有机蒸气，在常温下，活性炭可有效地吸附沸点高于0℃的有机物；而在降低采集温度的条件下，可有效采集低沸点有机污染物蒸气。吸附在活性炭上的有毒有害物质可通过加热解吸，也可用适宜的有机溶剂，如苯、氯仿、二硫化碳等洗脱下来。

③高分子多孔微球：在有毒有害物质检测中，主要用于采集有机蒸气，特别是一些分子较大、沸点较高，又有一定挥发性的有机化合物，如有机磷、有机氯农药以及多环芳烃等。在采集低浓度的有机蒸气时，为采用较大流速，一般选用颗粒较大、阻力较小的高分子多孔微球。

（3）纤维状滤料采样法

纤维状滤料由天然纤维素或合成纤维制成的各种滤纸和滤膜合称为纤维状滤料，常用的有聚氯乙烯滤膜、玻璃纤维滤膜、定量滤纸等，石英玻璃纤维滤膜是一种高级玻璃纤维滤膜。纤维滤膜主要用于气溶胶颗粒物的采集。该方法是将滤料放在采样夹上，用抽气装置抽气，则颗粒物被阻留在滤料上。滤料采集颗粒机理主要有：直接阻留、惯性碰撞、扩散沉降、静电引力和重力沉降。

（4）筛孔状滤料采样法

筛孔状滤料与纤维滤料的采样机制相似，但其筛孔孔径较均匀。常用的筛孔状滤料有微孔滤膜、核孔滤膜、银薄膜和聚氯酯泡沫塑料等。

（5）冷阱浓缩法

冷阱浓缩法也称低温冷凝浓缩法，主要用于辅助填充柱采样，把填充柱采集法所用采样管放在制冷剂中，降低吸附剂的温度，促使低沸点的物质被固体吸附剂所吸附，见图4-5。低温时，水分及CO_2等被冷凝而被吸附，降低固体吸附剂的吸附能力和吸附容量，故需在进气口接干燥管以除去这些物质。常用干燥剂有：高氯酸镁、烧碱石棉、氢氧化钾、氯化钙等。常用的制冷剂见表4-1。

		常用致冷剂及致冷温度	表4-1
致冷剂	致冷温度（℃）	致冷剂	致冷温度（℃）
冰-盐水	−10	液氮-甲醇	−94
干冰-乙醇	−72	液氮-乙醇	−117
干冰-乙醚	−77	液氮	−196
干冰-丙酮	−78.5	液氧	−183

（6）静电沉降法

空气样品通过高压（12000～20000V）电场，气体放电产生的离子吸附在气溶胶粒子上带电荷，在电场的作用下，带电荷的微粒沉降到电场的收集电极上而被收集，基于此原理的颗粒采集方法称为静电沉降法，在石英晶体差频测尘仪中，就采用了经典沉降集尘方法。该法采气速度快，采样效率高。

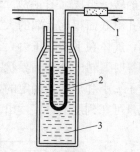

图 4-5　低温冷凝浓缩采样
1—干燥管；2—采样管；3—致冷剂

4.2.2　采样仪器

直接采样法所用采样装置简单，而浓缩采样所需的采样仪器稍微复杂，采样仪器主要包括：采集器、气体流量计和采气动力。采集器的作用是使采集样品，气体流量计的作用是准确测量并显示流速，作为计量采气量的参数。采样动力装置能够在采样仪器的末端产生负压，使样品气体能流过采样仪器。

1. 采气动力

常用的采气动力有：手抽气筒、电动抽气泵、水抽气瓶和压缩空气吸引器等。

（1）手抽气筒。手抽气筒的结构是由一个金属圆筒和活塞构成。拉动活塞柄，可进行连续抽气采样，采气量可根据抽气筒的容积和抽气次数计算；利用抽气快慢控制采样速度。在无电源、采气量小和采气速度慢的情况下可灵活使用。

（2）电动抽气泵。对于采样时间长、采样速率大的场所应采用电动抽气泵。常见的电动抽气泵有真空泵、刮板泵、薄膜泵和电磁泵等。真空泵和刮板泵抽气速度大，适用于采集大的颗粒，其克服阻力性能好。薄膜泵噪声小，重量轻，广泛应用于阻力不大的各种类型大气采样器和大气自动分析仪器的抽气动力。电磁泵可装配在抽气阻力不大的采样器和一些自动检测仪器上。

（3）水抽气瓶。由两个带容积刻度的小口玻璃瓶组成的水抽瓶采样装置，用橡皮管连接两根长玻璃管，将两瓶一高一低放置，两瓶间形成虹吸作用，水由高位瓶流向低位瓶，高位瓶形成负压，短玻璃管处产生吸气作用。采样时，与吸收管的玻璃管连接，采样速度可用套在橡皮管上的螺旋夹调节。高位瓶中水面下降的体积刻度，即为所采集的样品体积。

（4）压缩空气吸引器。压缩空气吸引器又称负压引射器（图 4-6）。采气原理是利用压缩空气高速喷射时吸引器产生的负压作为抽气动力。抽气力量大，可以连续使用，具有防火、防爆炸等特点；并能满足各种采样方法的要求；适用于禁用明火及无电源但具备压缩空气的场所，特别适用于矿山井下采样。

图 4-6　压缩空气吸收器
1—压缩空气；2—吸气口接吸收管

2. 气体流量计

气体流量计是测量采气流量的仪器，而流量和采样时间是计算采样体积所必须准确知道的参数。气体流量计种类很多，转子流量计和孔口流量计适合于现场采样。皂膜流量计和湿式流量计主要用来校正流量计的刻度。

（1）转子流量计

转子流量计，又称浮子流量计，是通过量测设在直流管道内的转动部件的位置来推算流量的装置。转子流量计由一根内径上大下小的锥形玻璃管和一个耐腐蚀的金属或塑料制成的转子组成（图 4-7）。转子是球体或上大下小的锥体，放入玻璃管后，转子下端的环形孔隙截面积比上端的大。当气体从玻璃管下端向上流动时，在转子下端的流速小于上端，气体在下端的压力大于上端，上下压差使转子上浮。当压力差上升力与转子自身重力相等时，转子处于临界状态，气体流速越大，转子上升地越高。对于给定的转子流量计，转子大小和形状是确定的，转子在锥管中的位置与流体流量的大小成一一对应关系，气体流量可在刻度上直接读出。

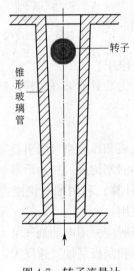

图 4-7　转子流量计

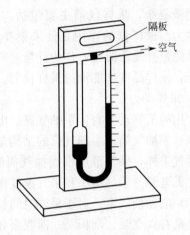

图 4-8　孔口流量计

（2）孔口流量计

孔口流量计是依据压差计的原理设计的，有隔板式和毛细管式两种类型，如图 4-8 所示。在水平玻璃管的中部有一个狭窄的孔口（或隔板），U 形玻璃管的两端分别连接在孔口的两侧，U 形管中装有液体。没有气体流过孔口时，孔口两侧压力相同，U 形管两侧液面在同一水平面上；采样时，气体流经孔口，在孔口前气体线速度小，孔口前压力大。液面下降，而气体从孔口喷出时的线速度很大，孔口后压力小，液面上升。液面差与两侧压力差成正比，即与气体流速成正比关系。孔口流量计中所用液体一般是水或液体石蜡，并滴加适量红色或蓝色墨水便于读数。

（3）皂膜流量计

皂膜流量计由一根带有体积刻度的玻璃管和橡皮球组成（图 4-9），玻璃管下端有支管，是气体进口，橡皮球内装满肥皂水，当用手挤压橡皮球时，肥皂水液面上升至支管口，从支管流进的气体流经肥皂水产生致密的肥皂膜，并推动其沿管壁缓慢上升。用秒表记录肥皂膜通过某两条刻度线间所用时间，即可计算流量值。

（4）湿式流量计

湿式流量计是一个密封的金属圆筒，内装有水圆筒内的轴上装有一个鼓轮，鼓轮的大部分浸没在水中，它将圆筒内腔分成四个小室，每个小室有一个外孔与水面上的出气管连通，进气管与四个小室相通（图 4-10）。气体由进气管进入中间圆柱形室后，通过一个小室的内孔进入小室，对该小室内壁产生一定的压力，推动小室沿顺时针方向旋转，与之相连的轴及固定在轴上的指针随之相应转动，当小室转入水面时，小室的气体被水排出，经出气管排出流量计。对于一个刻度值为 5L 的湿式流量计来说，指针每旋转一圈，表明有 5L 气体流过流量计。记录测定时间内指针旋转的圈数就能计算出气体流过的总量。

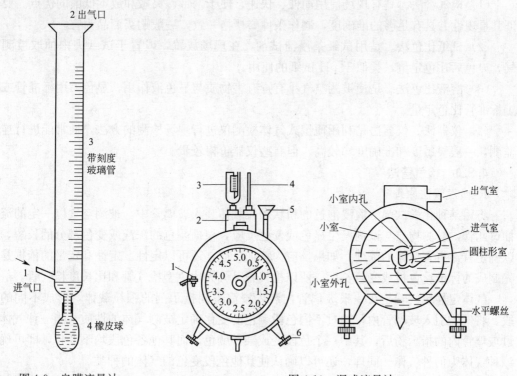

图 4-9　皂膜流量计

图 4-10　湿式流量计

1—水位口；2—水平仪；3—闭口压力计；4—温度计；5—加水漏斗；6—螺旋

■ 4.3　有毒有害物质的快速检测

　　作业场所有毒有害气体浓度一般不太高，浓度变化也不太大，因此，有毒作业分级、防毒设施效果检验等主要采用实验室型分析仪器。实验室型分析仪器适应面广，结果准确度较高，但采样和样品分析花费的时间比较长。在有些特殊情况下，必须立即判断有毒气体瞬间浓度、氧气浓度、有无危险。例如，生产设备发生故障，怀疑有毒气体泄漏时，必须马上向抢修人员通报有毒气体是否超标？抢修过程中浓度是否有变化？在进行这些特殊作业环境检测时，就必须采用快速检测方法。

　　快速检测就是使用简便的操作方法或用可携带的简易仪器，在现场及时测定有毒有害物质浓度的方法。

　　快速检测的特点：

　　①快速检测主要用于现场分析，速度快，因此必须具备操作简便、便于携带、响应快速、采样量少等特点，同时具有一定的准确度；

　　②受仪器或方法本身条件的限制，多数不能完全达到常规测定方法的灵敏度、准确度，甚至有些快速检测通常是定性或半定量测定方法；

　　③有些检测仪器只能给出某一种或几种气体是否达到最高允许浓度。尽管如此，这些仪器对于保障劳动安全仍具有十分重要的意义。便携的报警式检测仪器和浓度检测仪器可

以随时反映毒气的安全状况，应是今后重点发展的方向。

快速检测常用 4 种方法：

（1）检气管法。具有现场使用简便、快速、便于携带、灵敏和成本低廉的优点。要保证其重现性并具有足够的准确度，制作条件要严格一致，一般购买商品为宜。

（2）试纸比色法。是用试纸条浸渍试剂，在现场放置，或置于试纸夹内抽取被测空气，显色后比色定量，类似于 pH 试纸的使用。

（3）溶液比色法。是使被测空气小有毒有害物质与显色液作用，显色后用标准管或人工标准管比色定量。

（4）仪器法。仪器法是利用便携式气体检测仪进行现场检测的方法，通常能进行连续监测，一般灵敏度和准确度均较高，但有些仪器价格较贵。

4.3.1　检气管法

1. 检气管法原理

将用某种化学试剂溶液浸泡过的粉状颗粒载体装入玻璃管中，被测空气以一定的流速抽过此管，被测物质与试剂发生显色或变色反应，根据颜色的深浅或变色部分的长短，可以确定有毒有害气体的浓度。如果反应为特征反应，还可以定性。定性和定量的依据是事先制成的标准比色板或变色长度，所以检气管又分为比色型检气管和比长度检气管。

气体定性检气管是在一根玻璃管内装入浸渍不同指示剂的颗粒载体，形成不同的色段。将气体引入玻璃管内，通过不同色段颜色的变化确定被测气体的性质，当一种气体通过玻璃管内的指示粉后，其中一个色段变成某种颜色，而其他各色段均不变化，即可确定该种气体为何种气体。同理，还可以确认使其他色段变色的气体的种类。

载体。载体的作用是在其表面均匀负载指示剂，增大反应面积，利于气体与指示剂迅速接触反应；提供均匀的气体通道，使空气均匀穿过显色粉。载体应具备的条件：①化学惰性，不与显色试剂及被测物质发生化学反应；②质地牢固，能被粉碎成一定粒度的颗粒，一般筛分成 20～40、40～60、60～80、80～100 目的颗粒；③本身呈白色，利于观察颜色变化；④多孔或表面粗糙，与溶解显色剂的溶剂能很好浸润，利于分散和吸附显色剂。常用的载体有硅胶和素陶瓷，粗孔和中孔硅胶表面积大，素陶瓷的表面积小。细孔硅胶的吸附性太强，不适合于作载体。石英砂的表面太光滑，不能均匀吸附显色剂。

显色剂和保护剂。显色剂与被测气体快速反应，反应产物颜色变化明显，如果显色剂的变色反应具有较高的选择性，则更适用。单位重量载体上负载显色剂的量对显色长度和颜色深浅影响很大，一般显色剂的量增加，变色长度变短或颜色加深，反之则增长或变浅。载体粒度的影响同色谱柱，粒度大，抽气阻力小，变色长度增大，但界限不明显；粒度小，抽气阻力大，变色长度短，界限清晰。保护剂的作用是防止水蒸气进入检气管或阻止干扰物质对显色剂的干扰作用。经活化处理的硅胶吸水性极强，可作为保护剂。制作好的检气管常常热熔封口或加橡胶帽的方法保护。用时在两端断开或取下橡胶帽。

检气管的标定。标定前先配制一系列已知浓度的标准气体，标定时用 100mL 注射器或手动采样器通过检气管，以一定的速度抽取一定体积的标准气体，反应显色后测量其变色长度，以变色长度（mm）对被测组分浓度（mg/m³）绘制标准曲线（图 4-11），根据标准曲线，以整数浓度的变化长度制成浓度标尺（图 4-12），也可印在玻璃管上。在平衡状态下，浓度与变色长度呈近似直线关系（图 4-11a），而在非平衡状态下，呈近似对数关系（图 4-11b）。

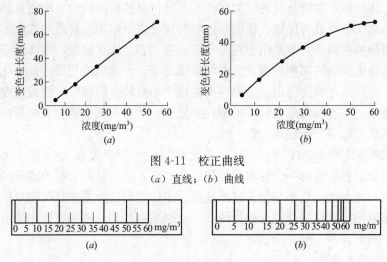

图 4-11　校正曲线
（a）直线；（b）曲线

图 4-12　浓度标尺

2. 影响检气管变色长度的因素

①抽气速度。抽气速度的快慢将影响变色柱的长短和界限是否清晰。待测气体在通过检气管时，待测组分在气-固两相间传质需要时间，一部分先到达显色剂，另一部分后到达。当抽气速度快时，部分待测组分来不及与试剂反应就又往前移动，使变色柱部分加长，有明显的颜色过渡区，变色界限不清楚；抽气速度慢时，先后反应的时间差小，颜色过渡区窄，变色界限清楚，但变色柱变短。

②抽气体积。采样体积增加时，被测物质总量也会增加，变色柱长度增加，反之则缩短。变色长度与被测物质浓度、采样体积不一定是呈线性关系。所以当被测物质的浓度不在检测管测定范围内时，不能随意增加或减少气样体积，然后再将测定结果按同样比例增加或减少的方法测定。当实际浓度超过可测范围时，应将空气样品加以稀释后再测定，将测出的浓度乘以稀释倍数。

③环境温度。温度对检气管测定结果造成误差主要原因是由于现场测定温度与检气管标定温度不同，在吸附平衡过程、化学反应速度和气体密度三个方面有变化。当温度升高时平衡吸附常数和气体密度变小，而化学反应速度加快。因此，当实际测定时的温度与制备标准浓度表或标准比色板时的温度不一致时，需要进行校正。比色型检气管颜色深浅决定于反应的程度，而温度对反应速度影响很大，所以对温度最敏感。

④采样器的影响。采样体积的误差决定于采样器的体积准确度和气密性好坏。使用采样器时应注意采样器每分钟的泄漏量不得大于其容积的 3％；采样器必须与同规格的气体检测管配套使用；用于现场测定的采样器应与标定检气测管时使用的采样器性能相同。

⑤显色粉颗粒。显色粉颗粒直径要尽量均匀，装填要紧密，保证抽气时颗粒不松动，紧密程度一致，否则抽气阻力不一致，变色柱长短有变化，颜色界面易偏斜。选用玻璃管的内径应相同，管径不均造成的结果偏差可达 4％。显色粉的装填量也应基本相同，否则同一批气体检测管也会产生误差。

4.3.2 试纸比色法

试纸比色法是被测物质与显色试剂在滤纸上进行显色反应的快速检测方法，其将显色后的试纸与标准比色板进行比较，根据颜色与其深浅来确定被测物质的浓度。根据检测物质形态的不同分为两类，一类是用于测定气态、蒸气态、雾状物质，将滤纸浸渍能与被测物质迅速发生显色反应的试剂，当被测空气接触滤纸，有毒物质与试纸发生化学反应，产生颜色变化，与标准色板比色定量。另一类能用于烟或粉尘的测定，将被测定空气通过未浸渍试剂的滤纸，使有毒物质吸附或阻留在滤纸上，然后向纸上滴加或喷射显色剂，产生颜色变化，然后与标准色板比色定量。

同 pH 试纸测定溶液 pH 值一样，试纸比色法的测定误差较大，是一种半定量的方法。为便于判断显色后与哪一个标准色板相近或相同，要求试纸对被测成分的吸附性要适中，以免有溶剂参与时显色不均匀。试纸比色法是以滤纸为介质进行化学反应，故滤纸的质量、致密度对测定的结果起很大的作用。因此纸质要均匀，一般可用中速或慢速定量滤纸，也可用层析纸。

4.3.3 溶液比色法

溶液比色法是使待测的有毒有害物质与显色液作用显色，然后用标准管或标准色板比色定量。常用的有两种方法：一种是吸收液兼作显色剂，当被测空气通过吸收液时立即显色，根据变色深浅与标准管比较，在现场即可测出有毒物质的浓度；另一种是有毒有害物质的显色反应速度慢，不能及时完成反应，或不适宜在采样时显色，可先将有毒有害物质吸收后再加入显色剂，放置片刻使之反应显色再比色定量。

无论是哪种类型，都是在微量吸收管和微量多孔玻板吸收管内装入少量吸收液，前者一般装 0.5~1.0mL，后者 2~2.5mL，因后者的气体与液体接触面积大，所以当有害物质在吸收液中溶解度小或反应较慢时，采用此种吸收管。

4.3.4 仪器测定法

快速检测仪器的检测原理与相应实验室型分析仪器的原理基本相同，都是通过测量可燃、有毒气体或蒸气的热学、光学、电化学等特性，并将其转化成电信号，根据电信号与被测物质浓度的关系进行定量分析。

快速检测仪器都能直接在现场测定，并给出检测结果：一是现场直接指示可燃有毒气体的浓度，判别作业场所是否存在爆炸、急性中毒的可能性，保证工人的安全和健康；二是对能造成慢性中毒而不易觉察的有害物质，如汞蒸气等，进行连续或快速测定，检测作业场所是否超过最高容许浓度；三是对严重危害生命的有毒有害气体，如一氧化碳、硫化氢、氢氰酸，进行连续监测和自动报警。

与其他快速检测方法相比，仪器测定法，具有更高的灵敏度和准确度，且更加快捷方便。

（1）光离子化检测仪。光离子化检测仪的核心部件是光离子化检测器。当分子被紫外光照射时，如果紫外光光子的能量大于检测物的电离电位，在固定强度的紫外光照射下，有毒有害物质被电离成正离子和负离子。带电荷的离子在电场的作用下，分别被阳极和阴极捕捉，并在阳极-阴极间产生电流，电流的大小与物质的浓度成正比，电流转化成浓度信号，在屏幕上显示出来。

（2）热学式气体检测仪。热学式气体检测仪是利用有毒有害物质燃烧或氧化时所产生的热量进行检测，其原理与热导检测器（TCD）的电桥电路相同。可以用来显示有毒有害物质的含量，或由电桥不平衡电压启动报警，装置发出光、声或电信号，通过调节可变电阻，可改变电桥两端所加电压，进而改变测定浓度范围或报警浓度。

（3）光学式气体检测仪。光学式气体检测仪都是专用型仪器，能直接给出一种或几种有毒有害气体的浓度，原理与实验室型光学式分析仪器相同，都是依据物质对光的选择性吸收或发射的原理设计而制成的仪器。

①紫外线气体检测仪。可用于对紫外线有强烈吸收的有毒有害物质。当含有汞蒸气的气体通过测汞仪的采样管时，利用汞对253.7nm紫外线的特征吸收，可测定汞蒸气的浓度。

②红外线气体检测仪。利用有毒有害气体对一定波长红外线的强烈吸收来测定其浓度。因待测有害物质的最大吸收波长不同，故可分别采用不同波长红外线进行多种有害物质的测定。红外线气体测定器可用于测定微量一氧化碳、二氧化碳等气体。

③可见光气体检测仪。当被测空气通过吸收管时，有害物质即被吸收液吸收。若在制备吸收液时加入显色剂，被吸收的有毒有害物质即与显色剂作用而产生颜色。显色溶液流入分析池后使通过溶液的光线强度减弱，用光电管测试光线强度的变化，用微安表指示出有害物质的浓度。

④化学发光气体检测仪。测定 NO_x 的化学发光检测仪是较成熟且灵敏度很高的检测仪，仪器可进行现场检测。

（4）电化学式气体检测仪

①电导式气体检测器。吸收液吸收了有毒有害物质后，其电导率发生改变，进而可以确定有毒有害物质的浓度。

②库仑滴定式气体测定器。库仑滴定式气体测定器主要用于测定能与溴或碘产生氧化还原反应的有害物质，根据产生电流的大小进行定量。

（5）差频式气体或粉尘检测仪。这类仪器能直接显示读数待测物的量。

■ 4.4 职业性接触毒物危害程度分级

职业性接触毒物是指劳动者在职业活动中接触的以原料、成品、半成品、中间体、反应副产物和杂质等形式存在，并可经呼吸道、经皮肤或经口进入人体而对劳动者健康产生危害的物质。

在职业安全健康管理工作中，为保证从业人员的职业安全，制定切实可靠的安全防护对策措施，需要对职业接触的有毒物质的危害程度进行分级，在此基础上进行有毒作业分级。安全检测是提供有毒作业分级依据的技术手段。

1. 危害程度分级原则

①职业性接触毒物危害程度分级，是以毒物的急性毒性、扩散性、蓄积性、致癌性、生殖毒性、致敏性、刺激与腐蚀性、实际危害后果与预后等9项指标为基础的定级标准。

②分级原则是依据急性毒性、影响毒性作用的因素、毒性效应、实际危害后果等4大类9项分级指标进行综合分析、计算毒物危害指数确定。每项指标均按照危害程度分5个等级并赋予相应分值（轻微危害：0分；轻度危害：1分；中度危害：2分；高度危害：3

分；极度危害：4分）；同时根据各项指标对职业危害影响作用的大小赋予相应的权重系数。依据各项指标加权分值的总和，即毒物危害指数确定职业性接触毒物危害程度的级别。

③我国的产业政策明令禁止的物质或限制使用（含贸易限制）的物质，依据产业政策，结合毒物危害指数划分危害程度。

2. 危害程度等级划分和危害指数计算

①危害程度分级

职业接触毒物危害程度分为轻度危害（Ⅳ级）、中度危害（Ⅲ级）、高度危害（Ⅱ级）和极度危害（Ⅰ级）4个等级，危害程度分级和评分按表4-2的规定。

②危害指数计算

毒物危害指数计算公式：

$$THI = \sum(k_1 \cdot F_1) \tag{4-5}$$

式中：THI 为毒物危害指数；k 为分项指标权重系数；F_1 为分项指标积分值。

③危害程度的分级范围

轻度危害（Ⅳ级）：$THI < 35$；

中度危害（Ⅲ级）：$THI \geqslant 35 \sim < 50$；

高度危害（Ⅱ级）：$THI \geqslant 50 \sim < 65$；

极度危害（Ⅰ级）：$THI \geqslant 65$。

职业性接触毒物危害程度　　　　　　　　　　　表 4-2

分级指标		极度危害 Ⅰ级	高度危害 Ⅱ级	中度危害 Ⅲ级	轻度危害 Ⅳ级	轻微危害	权重系数
积分值		4	3	2	1	0	
急性吸入 LC_{50}	气体* （cm^3/m^3）	<100	≥100～<500	≥500～<2500	≥2500～<20000	≥20000	5
	蒸气 （mg/m^3）	<500	≥500～<2000	≥2000～<10000	≥10000～<20000	≥20000	
	粉尘和烟雾 （mg/m^3）	<50	≥50～<500	≥500～<1000	≥1000～<5000	≥5000	
急性经口 LD_{50} （mg/kg）		<5	≥5～<50	≥50～<300	≥300～<2000	≥2000	1
急性经口 LD_{50} （mg/kg）		<50	≥50～<200	≥200～<1000	≥1000～<2000	≥2000	1
刺激与腐蚀性		pH≤2 或 pH≥11.5；腐蚀作用或不可逆损伤作用	强刺激作用	中等刺激作用	轻刺激作用	无刺激作用	2
致敏性		有证据表明该物质能引起人类特定的呼吸系统致敏或重要脏器的变态反应性损伤	有证据表明该物质能导致人类皮肤过敏	动物试验证据充分，但无人类相关证据	现有动物试验证据不能对该物质的致敏性做出结论	无致敏性	2

分级指标	极度危害 Ⅰ级	高度危害 Ⅱ级	中度危害 Ⅲ级	轻度危害 Ⅳ级	轻微危害	权重系数
生殖毒性	明确的人类生殖毒性:已确定对人类的生殖能力、生育或发育造成有害效应的毒物,人类母体接触后可引起子代先天性缺陷	推定的人类生殖毒性:动物试验生殖毒性明确,但对人类生殖毒性作用尚未确定因果关系,推定对人的生殖能力或发育产生有害影响	可疑的人类生殖毒性:动物试验生殖毒性明确,但无人类生殖毒性资料	人类生殖毒性未定论:现有证据或资料不足以对毒物的生殖毒性作出结论	无人类生殖毒性:动物试验阴性,人群调查结果未发现生殖毒性	3
致癌性	Ⅰ组,人类致癌物	ⅡA组,近似人类致癌物	ⅡB组,可能人类致癌物	Ⅲ组,未归入人类致癌物	Ⅳ组,非人类致癌物	4
实际危害后果与预后	职业中毒病死率≥10%	职业中毒病死率<10%;或致残(不可逆损害)	器质性损害(可逆性重要脏器损害),脱离接触后可治愈	仅有接触反应	无危害后果	5
扩散性(常温或工业使用时状态)	气态	液态,挥发性高(沸点<50℃);固态,扩散性极高(使用时形成烟或烟尘)	液态,挥发性中(沸点≥50℃~<150℃);固态,扩散性高(细微而轻的粉末,使用时可见尘雾形成,并在空气中停留数分钟以上)	液态,挥发性低(沸点≥150℃);固态,晶体、粒状固体,扩散性中,使用时能见到粉尘但很快落下,使用后粉尘留在表面	固态,扩散性低(不会破碎的固体小球(块),使用时几乎不产生粉尘)	3
蓄积性(或生物半减期)	蓄积系数<1;生物半减期≥4000h	蓄积系数≥1~<3;生物半减期≥400h~<4000h	蓄积系数≥3~<5;生物半减期≥40h~<400h	蓄积系数>5生物半减期≥4h~<40h	生物半减期<4h	1

注: 本表来自《职业性接触毒物危害程度分级》GBZ 230—2010。

* cm³/m³=1ppm, ppm 与 mg/m³ 在气温为 20℃, 大气压为 101.3kPa (760mmHg) 的条件下的换算公式为: 1ppm=24.04/Mr (mg/m³), 其中 Mr 为该气体的相对分子质量。

例: 职业性接触毒物(汞化物)危害指数计算, 见表 4-3。

职业性接触毒物(汞化物)危害指数计算　　　　表 4-3

积分指标		文献资料数据	危害分值(f)	权重系数(k)
急性吸入 LC_{50}	气体(cm³/m³)	无资料	—	5
	蒸汽(mg/m³)	无资料	—	
	粉尘、烟雾(mg/m³)	无资料	—	
急性经口 LD_{50} (mg/kg)		18mg/kg 大鼠	3	5
急性经皮 LD_{50} (mg/kg)		25mg/kg 兔,经皮	4	1
刺激性与腐蚀性		呼吸道强刺激	3	2
致敏性		强致敏	4	2
生殖毒性		动物有,人无资料	1	3
致癌性		无资料	4	4
实际危害后果与预后		肾损害	3	5
扩散性(常温或工业使用时状态)		气态	4	3
蓄积性(或生物半减期)		可发,尿中检出	3	1
毒性危害指数		$THI=\sum(k_1 \cdot F_1)=82$		
职业危害程度分级		Ⅰ级(极度危害)		

常见 56 种职业性接触毒物危害程度分级、行业举例及检测方法举例 表 4-4

级别	毒物名称	行业举例	检测方法举例
Ⅰ级极度危害13种	汞及其化合物	汞冶炼、汞齐法生产氯碱	双硫腙分光光度法、冷原子吸收光谱法和原子荧光法
	苯	含苯胶粘剂生产使用、制皮鞋	气相色谱法
	砷及无机化合物	砷矿及含砷铜、锡矿开采冶炼	二乙氨基二硫代甲酸银比色法、结晶紫—砷钼酸光度法
	氯乙烯	聚氯乙烯树脂生产	气体检测管法、气相色谱法
	铬酸盐重铬酸盐	铬酸盐及重铬酸盐生产	试纸比色法、分光光度法
	八氟异丁烯	二氟一氯甲烷裂解、残液处理	氟离子选择性电极法、光度法，离子色谱法
	铍及其化合物	铍冶炼、铍化合物制造	桑色素荧光光度法、石墨炉原子吸收光谱法
	氯甲醚	双氯甲醚、一氯甲醚生产	气相色谱法
	羰基镍	羰基镍制造	火焰原子吸收光谱法、比色法
	氰化物	氰化钠制造、有机玻璃制造	异菸酸钠-巴比妥酸钠分光光度法
	丙烯腈	丙烯腈制造、聚丙烯腈制造	气相色谱法、紫外分光光度法
	硫酸二甲酯	硫酸二甲酯制造	气相色谱法、液相色谱法
	甲苯二异氰酸酯	聚氨酯塑料生产	气相色谱法、液相色谱法
Ⅱ级高度危害25种	铅及其化合物	铅的冶炼、蓄电池造成	双硫腙分光光度法、原子吸收光度法、催化极谱法
	二硫化碳	二硫化碳造成、黏胶纤维制造	气相色谱法、二乙胺分光光度法
	氯	液氯烧碱生产、食盐电解	甲基橙光度法
	硫化氢	硫化燃料的制造	硝酸银比色法、对氨基二乙替苯胺比色法
	甲醛	酚醛和脲醛树脂生产	酚试剂光度法、示波极谱法
	苯胺	苯胺生产	光度法、色谱法、电化学法
	氟化氢	电解铝、氢氟酸制造	氟离子选择性电极法、氟试剂—镧盐光度法、离子色谱法等
	五氯酚及其钠盐	五氯酚、五氯酚钠生产	气相色谱法、液相色谱法
	镉及其化合物	镉冶炼、镉化合物的生产	分光光度法、原子吸收法、电化学分析法
	钒及其化合物	钒铁矿开采和冶炼	分光光度法、催化荧光法、原子发射光谱法、原子吸收光谱法
	溴甲烷	溴甲烷制造	气相色谱法
	金属镍	镍矿的开采和冶炼	分光光度法、原子吸收光谱法、原子发射光谱法、电化学法、液相色谱法
	环氧氯丙烷	环氧氯丙烷生产	气相色谱法、分光光度法、气相色谱-质谱法、比色法
	砷化氢	含砷有色金属矿的冶炼	原子荧光分光光度法、结晶紫—砷钼酸比色法、二乙氨基二硫代甲酸银比色法
	黄磷	黄磷生产	分光光度法、比色法、气相色谱法
	对硫磷	对硫磷生产及储运	气相色谱法
	氮氧化物	硝酸制造	盐酸萘乙二胺光度法、化学发光法、原电池库仑滴定法
	敌敌畏	敌敌畏生产、储运	气相色谱法、液相色谱法、气相色谱-质谱联用
	光气	光气制造	紫外分光光度法、火焰光度法、高效液相色谱法
	氯丁二烯	氯丁二烯制造、聚合	气相色谱法、气相色谱/质谱联用法

级别	毒物名称	行业举例	检测方法举例
Ⅱ级高度危害25种	一氧化碳	煤气制造、高炉炼铁、炼焦	硫酸钯-钼酸铵检气管比色法、红外气体分析法、气相色谱法
	硝酸	硝酸制造、储运	比色法
	盐酸	盐酸制造、储运	中和滴定法、比色法
	三氯乙烯	三氯乙烯制造、金属清洗	气相色谱法、气相色谱-质谱法
	苯酚	酚醛树脂生产、苯酚生产	高效液相色谱法、分光光度法、电化学法、荧光光度法
Ⅲ级中度危害14种	苯乙烯	苯乙烯制造	气相色谱法、红外气体分析法
	硫酸	硫酸制造、储运	中和滴定法
	二甲基甲酰胺	二甲基甲酰胺制造	气相色谱法、气相色谱质谱联用法、紫外分光光度法
	锰及无机化合物	锰矿开采冶炼、高锰焊条生产	磷酸-高碘酸钾分光光度法、过硫酸铵分光光度法、原子吸收法、阳极溶出伏安法
	四氟乙烯	聚全氟乙丙烯生产	氟离子选择性电极法、光度法、离子色谱法
	氨	氨制造、氮肥生产	钠氏试剂分光光度法、靛酚蓝光度法
	三硝基甲苯	三硝基甲苯制造、军火加工	气相色谱法、气质联用法、电化学法
	四氯化碳	四氯化碳制造硝基苯	气相色谱法
	硝基苯	硝基苯生产	气相色谱法、气质联用法、电化学法
	六氟丙烯	六氟丙烯制造	氟离子选择性电极法、光度法、离子色谱法
	敌百虫	敌百虫制造、储运	气相色谱法、液相色谱法、毛细管电泳
	氯丙烯	丙烯磺酸钠生产	气相色谱法
	甲苯	甲苯制造	气相色谱法
	二甲苯	喷漆	气相色谱法
Ⅳ级轻度危害4种	甲醇	甲醇制造	气相色谱法、变色酸光度法
	溶剂汽油	橡胶制品生产	气相色谱法
	丙酮	丙酮生产	气相色谱法
	氢氧化钠	烧碱、造纸生产	中和滴定法

* 《工作场所职业病危害作业分级第2部分：化学物》GBZ/T 229.2—2010

■ 4.5 有毒作业分级

为做好企业生产性毒物作业人员的安全健康，《工作场所职业病危害作业分级　第2部分：化学物》GBZ/T 229.2—2010中规定了从事有毒作业危害条件分级的技术规则。

4.5.1 职业性接触毒物作业危害的分级依据

（1）有毒作业分级的依据包括化学物的危害程度、化学物的职业接触比值和劳动者的体力劳动强度三个要素的权数。

（2）应根据化学物的毒作用类型进行分级。以慢性毒性作用为主同时具有急性毒性作用的物质，应根据时间加权平均浓度、短时间接触容许浓度进行分级，只有急性毒性作用的物质可根据最高容许浓度进行分级。

（3）化学物的危害程度级别的权重数（W_D）取值，见表4-5。

化学物的危害程度级别	权重数(W_D)	化学物的危害程度级别	权重数(W_D)
轻度危害	1	重度危害	4
中度危害	2	极度危害	8

化学物的危害程度级别的权重数（W_D）的取值　表 4-5

（4）化学物的职业接触比值（B）的权重数（W_B）取值，见表 4-6。

化学物的职业接触比值（B）的权重数（W_B）取值　表 4-6

职业接触比值(B)	权重数(W_B)	职业接触比值(B)	权重数(W_B)
$B \leqslant 1$	0	$B > 1$	B

（5）工作场所空气中化学物职业接触比值（B）的计算化学物职业接触比值（B），可按式(4-6)~式(4-8) 计算：

①职业接触限值以 PC-TWA 表示的：

$$B = C_{TWA}/\text{PC-TWA} \tag{4-6}$$

式中：B 为化学物职业接触比值；C_{TWA} 为现场测量的工作场所空气中化学物时间加权平均浓度；PC-TWA 为时间加权平均容许浓度，其取值按《工作场所有害因素职业接触限值　第 1 部分：化学有害因素》GBZ 2.1—2007 执行。

②职业接触限值以 PC-STEL 表示的：

$$B = C_{STEL}/\text{PC-STEL} \tag{4-7}$$

式中：B 为化学物职业接触比值；C_{STEL} 为现场测量的工作场所空气中化学物短时间加权平均浓度；PC-STEL 为短时间接触容许浓度，其取值按《工作场所有害因素职业接触限值　第 1 部分：化学有害因素》GBZ 2.1—2007 执行。

③职业接触限值以最高容许浓度表示的：

$$B = C_{MAC}/\text{MAC} \tag{4-8}$$

式中：B 为化学物职业接触比值；C_{MAC} 为现场测量的工作场所空气中化学物瞬（短）时浓度；MAC 为最高容许浓度，其取值按《工作场所有害因素职业接触限值　第 1 部分：化学有害因素》GBZ 2.1—2007 执行。

（6）劳动者体力劳动强度的权重数（W_L）取值，见表 4-7。

劳动者体力劳动强度的权重数（W_L）的取值　表 4-7

体力劳动强度级别	权重数(W_L)	体力劳动强度级别	权重数(W_L)
Ⅰ（轻）	1.0	Ⅲ（重）	2.0
Ⅱ（中）	1.5	Ⅳ（极重）	2.5

4.5.2　有毒作业分级及分级方法

（1）有毒作业按危害程度分为四级：相对无害作业（0 级）、轻度危害作业（Ⅰ级）、中度危害作业（Ⅱ级）和重度危害作业（Ⅲ级）。

（2）有毒作业的分级基础是计算分级指数 G，按式(4-9) 计算：

$$G = W_D \times W_B \times W_L \tag{4-9}$$

式中：G 为分级指数；W_D 为化学物的危害程度级别的权重数；W_B 为工作场所空气中

化学物职业接触比值的权重数；W_L 为劳动者体力劳动强度的权重数。

根据分级指数 G，有毒作业分为四级，见表 4-8。

有毒作业分级 表 4-8

分级指数(G)	作业级别	分级指数(G)	作业级别
$G \leqslant 1$	0 级（相对无害作业）	$6 < G \leqslant 24$	Ⅱ级（中度危害作业）
$1 < G \leqslant 6$	Ⅰ级（轻度危害作业）	$G > 24$	Ⅲ级（重度危害作业）

4.5.3　有毒作业分级管理原则

对于有毒作业，应根据分级采取相应的控制措施：

（1）0 级（相对无害作业）：在目前的作业条件下，对劳动者健康不会产生明显影响，应继续保持目前的作业方式和防护措施。一旦作业方式或防护效果发生变化，应重新分级。

（2）Ⅰ级（轻度危害作业）：在目前的作业条件下，可能对劳动者的健康存在不良影响。应改善工作环境，降低劳动者实际接触水平，设置警告及防护标识，强化劳动者的安全操作及职业卫生培训，采取定期作业场所监测、职业健康监护等行动。

（3）Ⅱ级（中度危害作业）：在目前的作业条件下，很可能引起劳动者的健康损害。应及时采取纠正和管理行动，限期完成整改措施。劳动者必须使用个人防护用品，使劳动者实际接触水平达到职业卫生标准的要求。

（4）Ⅲ级（重度危害作业）：在目前的作业条件下，极有可能引起劳动者严重的健康损害的作业。应在作业点明确标识，立即采取整改措施，劳动者必须使用个人防护用品，保证劳动者实际接触水平达到职业卫生标准的要求。对劳动者进行健康体检。整改完成后，应重新对作业场所进行职业卫生评价。

思 考 题

1. 如何确定采样点和采样时机？
2. 影响采样效率的因素有哪些？如何评价采样方法的采样效率？
3. 有哪几类采样方法？选择采样方法的依据是什么？
4. 直接采样和浓缩采样各适用于什么情况？
5. 填充柱采样法适用于采集何种物质？
6. 为什么要按照采集器、气体流量计、采样动力的顺序进行串接？
7. 用于空气采样的主要动力有哪些？
8. 在采集空气样品时，为什么要用气体流量计？
9. 简述转子流量计测定气体流速的原理。
10. 快速测定的意义、特点以及要求是什么？
11. 检气管的原理是什么？它的准确性与哪些因素有关？
12. 试纸法和溶液法的检测原理是什么？
13. 目前快速检测仪器有哪几种？主要用于哪些方面？

第5章 生产性粉尘检测

■5.1 粉尘基础

粉尘是指悬浮在空气中的固体微粒。习惯上对粉尘有多种称谓，如灰尘、尘埃、烟尘、矿尘、砂尘、粉末等，这些名词没有明显的界限。国际标准化组织规定：粒径<75μm 的固体悬浮物定义为粉尘。粉尘是气态分散介质与固态分散介质相共同组成的分散系，其固态分散相由大小范围从接近分子状态的粒子到用肉眼能直接观察到的粒子（约 0.001~100μm）所组成，悬浮在大气中。大气中粉尘的存在是保持地球温度的主要原因之一，大气中过多或过少的粉尘将对环境产生灾难性的影响。

生产性粉尘是指生产过程中产生的，并且能够较长时间悬浮于空气中的固体微粒。生产性粉尘是人类健康的天敌，是诱发多种疾病的主要原因。由于长期从事粉尘作业，尘肺患者两肺产生进行性、弥漫性的纤维组织增生，逐渐发展到妨碍呼吸机能及其他器官的机能。含有游离二氧化硅的粉尘称为硅尘，是对劳动者健康危害最严重的一种粉尘。职业卫生安全检测所测定的粉尘主要是指作业场所的生产性粉尘，与环境监测中监测大气中的颗粒物有所不同。

5.1.1 粉尘的来源

在许多工业生产过程中都产生粉尘，按照形成方式可分为：

（1）固体物质的机械破碎，如钙镁磷肥熟料的粉碎，水泥粉的粉碎等；

（2）物质的不完全燃烧或爆破，如矿石开采、隧道掘进的爆破，煤粉燃烧不完全时产生的煤烟尘等；

（3）物质的研磨、钻孔、碾碎、切削、锯断等产生的粉尘；

（4）金属熔化，如生产蓄电池时熔化铅的工序产生的铅烟尘；

（5）成品本身呈粉状，如炭黑、滑石粉、有机染料、粉状树脂等。

5.1.2 粉尘的粒径

粉尘粒径不同，对人体健康的危害也不同。粒径较大的颗粒，自然沉降速度快，惯性也大，呼吸入人体的几率小，对人体危害就小；而在空气中悬浮的细小微粒，不仅在空气中停留时间长，而且易被吸入人体内，进入肺泡中。因此了解粉尘粒径分布，对研究粉尘对人体的危害具有重要意义。

粉尘的粒径是粉尘的基本特性之一，其直接影响到粉尘的物理、化学特性、危害作用以及除尘设备的性能。粉尘粒径是指表征粉尘颗粒大小的最佳代表性尺寸。对球形尘粒，粒径的准确含义是："被测颗粒就沉降速度而言，相当于某一球体的大小，即球体的直径"。

实际的尘粒形状大多是不规则的，一般也用"粒径"来衡量其大小，然而此时的粒径却有不同的含义。通常情况下，很少有球形颗粒。对于不规则粉尘颗粒，可根据其三个方向（长、宽、高）的比例划分为三类：

（1）各向同长的粒子：尘粒在三向总长度大致相同。

（2）平板状粒子：两个方向上长度比第三个方向长得多。

（3）针状粒子：一个方向上长度比另两个方向的长度长得多。

同一粉尘按不同的测定方法所得的粒径，不但数值不同，而且应用场合也不同。因此，在使用粉尘粒径时，必须了解所采用的测定方法和粒径的含义。例如，用显微镜法测定粒径时，有定向粒径、定向面积、等分粒径和投影面积粒径等；用重力沉降法测出的粒径为斯托克斯粒径或空气动力粒径；用光散射法测定时，粒径为体积粒径。在选取粒径测定方法时，除需考虑方法本身的精度、操作难易程度及费用等因素外，还应特别注意测定的目的和应用场合。在给出或应用粒径分析结果时，也应说明或了解所采用的测定方法。

粉尘粒径的测定方法。通常测定和定义粒径的方法有两种：一是根据颗粒物理性质间接测定和定义，一是根据颗粒的几何性质直接测定和定义。

（1）物理当量径。即取与颗粒的某一物理量相同时的球形粒子的直径。目前，国际上最常用空气动力学当量直径表示空气中悬浮颗粒物的粒径：

1）空气动力学直径（PAD）：是指在通常温度、压力和相对湿度的空气中，在重力作用下，与实际颗粒物具有相同末速度、密度为 $1g/cm^3$ 球体的直径。也就是说，被测颗粒物的直径相当于在平静的气流中与其具有相同末速度，且密度为 $1g/cm^3$ 的球形标准颗粒物的直径。

2）扩散直径（PDD）：是指在通常的温度、压力和相对湿度情况下，与实际颗粒物具有相同扩散系数的球形颗粒直径。当颗粒 $<0.5\mu m$ 时，在空气中的扩散作用较重力沉降作用强，这种颗粒物处于布朗扩散运动状态，此时应当用 PDD 来表达颗粒的大小。

PAD、PDD 这两种粒径表示方法并不涉及颗粒物的密度和形状，颗粒物进入人体呼吸系统时的撞击、沉降和扩散作用情形与采样时颗粒物的动力学特征一致，有利于研究和评价颗粒物的卫生和健康效应。

（2）投影径。即尘粒在显微镜下所观察到的粒径。其测定方法有：

1）定向直径 dF（Feret 径）：尘粒投影面上两平行切线之间的距离（图 5-1）。

2）定向面积等分直径 dM（Martin 径）：将颗粒投影面积二等分的定向直线长度。

（3）几何当量径。颗粒的某一几何量（面积、体积）相同时的球形粒子的直径。测定方式有：

1）等投影圆直径 dH（Heywood 径）：与颗粒的投影面积相同的某一圆的直径。

图 5-1 Feret 径   图 5-2 Martin 径   图 5-3 Heywood 径

$$dH = (4A/\pi)^{1/2} = 1.128\sqrt{A}$$

2）等体积径 dV（用光散射法测定）：与颗粒体积相同的某一球的直径。若颗粒体积为 V，则：$dV = (6V/\pi)^{1/3}$。

（4）筛分径。即用筛分法测定的直径，为颗粒能够通过的最小方孔的宽度。一般用目表示。目是指 1 英寸长度上开孔的数目。常用标准分样筛，其直径为 200mm，高度为 50mm。测定时用手工或机械振动，过尘速度为 0.05g/min。

（5）分割粒径（临界粒径）。对应于除尘器的分级除尘效率为 50% 时的粒径（代表除尘器性能的一个重要参数）。

5.1.3 粉尘的分类

（1）根据粉尘的性质，可分为 3 类：

1）无机粉尘。矿物性粉尘：石英、石棉和煤等粉尘。金属性粉尘：铜、铍、铅和锌等金属及其化合物粉尘。人工无机粉尘：水泥、金刚砂和玻璃纤维粉尘。

2）有机粉尘。植物性粉尘：棉、麻、甘蔗、花粉和烟草等粉尘。动物性粉尘：动物皮毛、角质、羽绒等粉尘。人工有机粉尘：合成纤维、有机染料、炸药、表面活性剂和有机农药等粉尘。

3）混合性粉尘。上述多种粉尘中，两种或两种以上粉尘的混合物称为混合性粉尘。生产过程中常见的是混合性粉尘。

在职业健康工作中，常依据粉尘性质，初步判断其对人体危害程度及作用机理。

（2）根据粉尘的粒径大小，可分为：

粉尘粒径不同，能够进入人体呼吸系统（鼻咽区、气管和支气管区、肺泡区）的部位也不同，因此，对人体危害程度也不同。按粒径大小可将粉尘分为：

1）降尘。降尘是指在空气自然环境条件下，能靠自身重力自然降落的颗粒物。降尘粒径大于 $30\mu m$。降尘颗粒的理化性质接近于固体物质，表面自由能低，很少聚积或凝聚。由于其难以进入呼吸道，对人体健康的危害也较小。

2）总悬浮颗粒物。英文缩写 TSP。总悬浮颗粒物是指漂浮在空气中，粒径小于 $100\mu m$ 的固态和液态颗粒物的总称。粒径 $>10\mu m$ 的颗粒物质量相对较大，被人体吸入后具有较大的惯性，在鼻腔陡弯处和咽喉部位与呼吸道内壁碰撞，致使大部分颗粒沉积在上呼吸道。

①可吸入颗粒物。可吸入颗粒物是指悬浮在空气中，能进入人体的呼吸系统、空气动力学当量直径 $\leq 10\mu m$ 的颗粒物，又称 PM10。可吸入颗粒物可以被人体吸入，沉积在呼吸道、肺泡等部位从而引发疾病。颗粒物的直径越小，进入呼吸系统的部位越深。

②胸部颗粒物。在可吸入颗粒物中，能穿过咽喉的颗粒物称为胸部颗粒物，粒径在 $5\sim 10\mu m$，由于重力作用，大部分沉降在气管和支气管区。

③呼吸性粉尘。可吸入颗粒物中，可达到肺泡区（无纤毛呼吸性细支气管、肺泡管、肺泡囊）的颗粒物，称为呼吸性粉尘。呼吸性粉尘能够进入人体肺泡甚至血液系统中去，直接导致心血管病等疾病。空气动力学当量直径 $<2.5\mu m$，又称 PM2.5。PM2.5 的比表面积较大，通常富集在各种重金属元素，如 As、Se、Pb、Cr 等，和有机污染物 PAHs、PCDD/Fs、VOCs 等中，多为致癌物质和基因毒性诱变物质，危害极大。

可见，颗粒物粒径不同，在人体呼吸系统中沉积部位也不同。因此，研究 PM10 和 PM2.5 对保障劳动者职业安全健康具有重要的意义。

（3）根据按物理状态分类，可分为 3 类：

1）固态。固态大气颗粒物主要是烟和粉尘。烟是指燃烧过程产生的或燃烧产生的气体转化形成的颗粒物，其粒径为 $0.01\sim1\mu m$；粉尘是指工业生产中的破碎和运转作业所产生的颗粒物，其粒径$>1\mu m$。也有学者认为，粉尘是指 $1\sim75\mu m$ 的大气颗粒物，而$<1\mu m$ 的粉尘称为亚微粉尘。

2）液态。液态大气颗粒物主要是雾和雾尘或尘雾。雾是大量微小水滴或冰晶形成的悬浮体系，按其对大气能见度的影响可分为浓雾（粒径$<10\mu m$）和轻雾（粒径$>40\mu m$）。尘雾是工业生产中的过饱和蒸气为凝结核凝聚，以及化学反应和液体喷雾所形成的悬浮体系。一般认为尘雾的粒径$<10\mu m$。

3）固液混合态。固液混合态颗粒物主要是烟尘，是指燃烧、冶炼等工业生产过程中释放的尘粒为凝结核所形成的烟、雾混合体系，其粒径一般$<1\mu m$。

5.1.4 粉尘的理化特性

以职业健康危害的角度，粉尘的理化特性有：

1. 化学成分及其浓度

化学成分不同的粉尘对人体的作用性质和危害程度不同，例如，石棉尘可引起石棉肺和间皮瘤，棉尘则引起棉尘病。同一种粉尘，在空气中的浓度愈高，其危害也愈大；粉尘中主要有害成分含量愈高，对人体危害也愈严重，含有游离二氧化硅的粉尘可致矽肺。

2. 粉尘的分散度

粉尘分散度是指物质被粉碎的程度，以大小不同的粉尘粒子的百分比组成表示。空气中粉尘颗粒中细小微粒所占比例越高，则称为分散度越大。粉尘分散度愈高，形成的气溶胶体系越稳定，在空气中悬浮的时间越长，被人体吸入的几率越大；粉尘分散度愈高，比表面积也越大，越容易参与理化反应，对人体危害也越大。

3. 粉尘湿润性

粉尘被水（或其他液体）湿润的难易程度称为粉尘湿润性。有的粉尘（如锅炉飞灰、石英砂等）容易被水湿润，与水接触后会发生凝并、增重，有利于粉尘从气流中分离，称为亲水性粉尘。有的粉尘（如炭黑、石墨等）很难被水湿润，称为憎水性粉尘。粉尘湿润性高，作业场所的粉尘就容易降落，对人体的危害程度就小。例如，用湿式除尘器处理憎水性粉尘，除尘效率不高。如果在水中加入某些湿润剂（如皂角素、平夕加等），可减少固液之间的表面张力，提高粉尘的湿润性，从而可以提高除尘效率，减少对人体的危害。

4. 粉尘的溶解度

粉尘溶解度的大小与其对人体的危害程度，因组成粉尘的化学物质性质不同而异。若组成粉尘的物质对人体有毒，溶解度越大，则越易被人体吸收，对人体的毒性也就越大；若粉尘无毒，溶解度大，则易被人体吸收、排出，毒性就较小；若粉尘无毒，溶解度小，在体内将会持续产生毒害作用，对人体危害极其严重（如，石英、石棉等难溶性粉尘）。

5. 粉尘的荷电性

粉尘在其生产和运动过程中，由于相互碰撞、摩擦、放射线照射、电晕放电及接触带电体等原因而带有一定电荷的性质，称为粉尘荷电性。粉尘荷电后其某些物理性质会发生变化，如凝聚性、附着性及其在气体中的稳定性等，同时对人体的危害也将增强。粉尘的荷电量随温度的升高、比表面积的加大及含水率的减小而增大。同电性尘粒相互排斥，粉尘稳定性增加，反之，粉尘颗粒相互吸引，形成较大的尘粒加速沉降。此外，荷电量还与粉尘的化学成分等有关。静电除尘器就是利用了粉尘的荷电特性。

6. 粉尘的形状与硬度

在一定程度上，粉尘粒子的形状也影响它的稳定性（即在空气中飘浮的持续时间）。质量相同的尘粒，其形状越接近球形，则越容易降落。锐利、粗糙、硬的尘粒比软的、球形的尘粒对皮肤和黏膜的刺激性更强烈，尤其是对上呼吸道黏膜的机械损伤或刺激性更大。

7. 粉尘的爆炸性

在一定的浓度和温度（或火焰、火花、放电、碰撞、摩擦等作用）下会发生爆炸的粉尘称为爆炸危险性粉尘。爆炸危险性粉尘（如泥煤、松香、铝粉、亚麻等）在空气中的浓度只有在达到某一范围内才会发生爆炸，这个爆炸范围的最低浓度叫作爆炸下限，最高浓度叫作爆炸上限。粉尘的粒径越小，比表面积越大，粉尘和空气的湿度越小，爆炸危险性越大。在采集这类粉尘样品时，必须注意防爆。

5.1.5　粉尘的危害

生产性粉尘的种类和性质不同，对人体的危害也不同：

（1）致纤维化作用。尘肺是长期吸入生产性无机粉尘所致的以肺组织纤维化为主的一类全身疾病的统称，其病理特点是肺组织发生弥漫性、进行性的纤维组织增生，引起呼吸功能严重受损，而致劳动能力下降乃至丧失。游离二氧化硅具有极强的细胞毒性和致纤维化作用，因此，粉尘致纤维化的程度和该类粉尘中游离二氧化硅含量有关。尘肺是长期吸入高浓度粉尘所引起的最常见的职业病。其中，硅肺是纤维化病变最严重，进展最快，危害最大的尘肺。粉尘的致纤维化作用是粉尘对人体健康危害最大的生物学作用。

（2）中毒作用。粉尘中含有铅、镉、砷、锰等毒性元素，在呼吸道溶解被吸收，进入血液循环后，会引起全身中毒。

（3）损伤作用。吸入的生产性粉尘首先进入呼吸道刺激呼吸道黏膜，使黏膜毛细血管扩张，黏液分泌增加，以加强对粉尘的阻留作用。但黏膜毛细血管的长期扩张则导致黏膜肥大，继之发生营养不良而致萎缩，形成萎缩性鼻炎。硬度较大、边缘锐利的粉尘颗粒还可以机械性地直接损伤黏膜细胞引起鼻炎、咽炎、喉炎。有些金属粉尘则直接损伤鼻黏膜形成溃疡和穿孔。粉尘散落于皮肤上，可堵塞汗腺、皮脂腺，而引起皮肤干燥，易于发生继发感染，形成粉刺、毛囊炎等。金属粉尘、烟草粉尘等对角膜的刺激及损伤可致角膜感觉迟钝，角膜混浊等改变。

（4）炎症作用。长期吸入大量粉尘，可损伤呼吸道黏膜，继发感染引起慢性炎症。因此，导致接尘工人产生慢性支气管炎。有机粉尘中带有细菌或真菌，引起肺真菌病，皮毛粉尘中的炭疽杆菌引起肺炭疽病。

（5）致癌作用。放射性粉尘的射线易引发肺癌，石棉粉尘可引起支气管肺癌和间皮瘤，放射性矿物质粉尘可致肺癌，金属粉尘镍、铬酸盐也和肺癌高发有关。近年来硅尘和肺癌的关系在学术界的争论受到人们的关注。一些流行病学的研究结果提示硅尘暴露和肺癌的高发有一定关系，国际癌症研究机构主要依据这些研究结果，已把硅尘列为人类致癌物。

（6）沉积作用。吸入某些惰性金属粉尘可引起金属粉尘在肺内的沉积，如锡、锑、铁等。一般来说，这些金属粉尘的沉积对肺功能没有明确的损害，也没有致肺组织进行性纤维化的证据。但作为一种异物沉积在肺内，则会引起肺组织的反应，有的可引起急性支气管炎或支气管哮喘。

■5.2 粉尘浓度的测定

5.2.1 粉尘的采集

由于 TSP 中的小粒径粉尘对人体危害更大，所以测定 PM10 更能反映作业环境对人的危害程度。为实现大小颗粒分别测定，在采样器中都装有分离大颗粒物的装置，称为切割器或分尘器。切割器有旋风式、向心式、多层薄板式、撞击式等，第一种用于采集 $10\mu m$ 以下的颗粒物，后几种可分级采集不同粒径的颗粒物，用于测定颗粒物的粒度分布。

1. 二级旋风切割器

二级旋风切割器的工作原理如图 5-4 所示。空气以高速 $180°$ 渐开线进入切割器的圆桶内，形成旋转气流，在离心力的作用下，将粗颗粒物摔到桶壁上并继续向下运动，粗颗粒在不断与桶壁撞击中失去前进的能量而落入收集器内，细颗粒随气流沿气体排出管上升，被过滤器的滤膜捕集，从而将粗、细颗粒物分开。切割器必须用标准粒子发生器制备的标准粒子进行校准后方可使用。

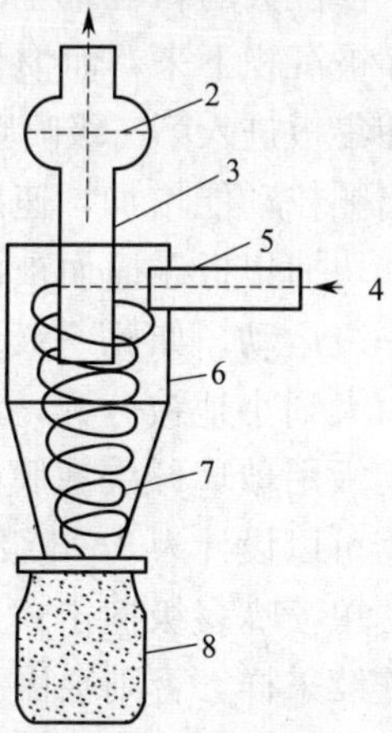

2. 向心式切割器

向心式切割器原理示意图如图 5-5 所示。当气流从小孔高速喷出时，因所携带的颗粒物大小不同，惯性也不同，颗粒质量越大，惯性越大。不同粒径的颗粒物各有一定运动轨线，其中质量较大的颗粒运动轨线接近中心轴线，最后进入锥形收集器被底部的滤膜收集；小颗粒物惯性小，离中心轴线较远，偏离锥形收集器入口，随气流进入下一级。第二级的喷嘴直径和锥形收集器的入口孔径变小，两者之间距离缩短，使小一些的颗粒物被收集。第三级的喷嘴直径和锥形收集器的入口孔径又比第二级小，其间距离更短，所收集的颗粒更细。如此经过多级分离，剩下的极细颗粒到达最底部，被夹持的滤膜收集。图 5-6 所示为三级向心式切割器原理示意图。

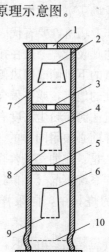

图 5-4　旋风式切割器原理示意图

1—空气出口；2—滤膜；3—气体排出管；
4—空气入口；5—气体导管；6—圆筒体；
7—旋转气流轨线；8—大粒子收集器

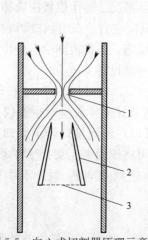

图 5-5　向心式切割器原理示意图

1—空气喷嘴；2—收集器；3—滤膜

图 5-6　三级向心式切割器原理示意图

1,3,5—气液喷孔；2,4,6—锥形收集器；7,8,9,10—滤膜

3. 撞击式切割器

撞击式切割器的工作原理如图 5-7 所示。当含颗粒物气体以一定速度由喷嘴喷出后，颗粒获得一定的动能并且有一定的惯性。在同一喷射速度下，粒径越大，惯性越大，因此气流从第一级喷嘴喷出后，惯性大的颗粒难于改变运动方向，与第一块捕集板碰撞被沉积下来，而惯性较小的颗粒则随气流绕过第一块捕集板进入第二级喷嘴。因第二级喷嘴比第一级小，故喷出颗粒动能增加，速度增大，其中惯性较大的颗粒与第二块捕集板碰撞而被沉积，而惯性较小的颗粒继续向下一级运动。如此一级一级地进行下去，则气流中的颗粒由大到小地被分开，沉积在不同的捕集板上。最末级捕集板用玻璃纤维滤膜代替，捕集更小的颗粒。这种采样器可以设计为 3～6 级，或 8 级，称为多级撞击式采样器。单喷嘴多级撞击式采样器采样面积有限，不宜长时间连续采样，否则会因捕集板上堆积颗粒过多而造成损失。多级多喷嘴撞击式采样器捕集面积大，应用较普遍的一种称为安德森采样器，由 8 级组成，每级 200～

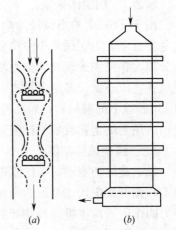

图 5-7 撞击式切割器原理示意图
(a) 撞击捕集原理；
(b) 六级撞击式采样器

400 个喷嘴，最后一级也是用纤维滤膜代替捕集板捕集小颗粒物。安德森采样器捕集颗粒物粒径范围为 $0.34～11\mu m$。

5.2.2　粉尘浓度的测定

粉尘浓度是指单位体积空气中所含粉尘的质量（mg/m^3）或数量（粒$/cm^3$）。

1. 滤膜重量测定法

粉尘浓度测定的标准方法是重量法，也是基本方法。重量法测定结果能更好地反映现场粉尘浓度的真实情况，所需仪器装置比较简单，但操作复杂、速度慢。如果使用仪器或其他方法测定粉尘质量浓度，则必须以标准重量法为基准，以保证测定结果的可比性。

测定作业场所空气中粉尘时，测尘点应设在工人在生产过程中经常或定时停留、并受粉尘污染的作业场所，要有代表性地反映工人接尘的实际情况。测尘位置应选择在粉尘分布较均匀处的呼吸带，一般在接近操作岗位处的 1.5m 高度左右。在有风流影响时，应选择在作业地点的下风侧或回风侧。如果产尘点处于移动状态，采样或测尘点应位于生产活动中有代表性的地点，或将采样或测尘仪器直接架设在移动设备上。

滤膜重量法测定粉尘浓度有 4 个关键性操作步骤：

（1）采样前必须用同样的未称重滤膜模拟采样，调节好采样流量，检查仪器密封性能。具体方法是：在抽气条件下，用手掌堵住滤膜进气口，若流量计转子立即回到零刻度，表示采样系统不漏气。单独检查采样头的气密性，可将滤膜夹上装有塑料薄膜的采样头放于盛水的烧杯中，向采样头内送气加压，当压差达到 1000Pa 时，水中应无气泡产生。

（2）采样量超出 20mg 时，应重新采样。

（3）若现场空气中含有油雾，必须先用石油醚或航空汽油浸洗采样后的滤膜，除油、晾干后再称重。

（4）滤膜的受尘面必须向外，聚氯乙烯纤维滤膜不耐高温，使用现场气温不能高于 55℃。

在作业现场使用的操作简便、灵活、快速的粉尘浓度测定方法有：压电晶体差频法、β射线吸收法及光散射法。

2. 压电晶体差频法

压电晶体差频法测定仪以石英谐振器为测尘传感器，其工作原理如图 5-8 所示。空气样品经粒子切割器剔除粒径大的颗粒物，使粒径范围小的颗粒物进入测量气室，测量气室内有由高压放电针、石英谐振器及电极构成的静电采样器，气样中的粉尘因高压电晕放电作用而带上负电荷，继而在带正电荷的石英谐振器表面放电并沉积，除尘后的气样流经参比室内的石英谐振器排出。因参比石英谐振器没有集尘作用，当没有气样进入仪器时，两振荡器固有振荡频率相同（$f_1 = f_2$），$\Delta f = f_1 - f_2 = 0$，无信号输出到电子处理系统，数显屏幕上显示"0"。当有气样进入仪器时，则测量石英振荡器因集尘而质量增加，使其振荡频率（f_1）降低，两振荡器频率之差（Δf）经信号处理系统转换成粉尘浓度并在数显屏幕上显示。测量石英谐振器集尘越多，振荡频率（f_1）降低也越多，两者具有线性关系，即

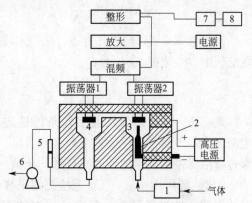

图 5-8 压电晶体差频粉尘测定仪工作原理图
1—粒子切割器；2—放电针；3—测量石英谐振器；
4—参比石英谐振器；5—流量计；6—抽气泵；
7—浓度计算器；8—显示器

$$\Delta f = k \cdot \Delta M \tag{5-1}$$

式中：k 为由石英晶体特性和温度等因素决定的常数；ΔM 为测量石英晶体质量增值，即采集的粉尘质量（mg）。

如空气中粉尘浓度为 $c(\mathrm{mg/m^3})$，采样流量为 $Q(\mathrm{m^3/min})$，采样时间为 $t(\mathrm{min})$，则

$$\Delta M = c \cdot Q \cdot t \tag{5-2}$$

代入得：

$$c = \left(\frac{1}{K}\right) \cdot \left(\frac{\Delta f}{Q \cdot t}\right) \tag{5-3}$$

因实际测量时 Q、t 值均已固定，故：

$$c = A \cdot \Delta f \tag{5-4}$$

可见，通过测量采样后两石英谐振器频率之差（Δf），即可得知粉尘浓度。当用标准粉尘浓度气样校正仪器后，即可在显示屏幕上直接显示被测气样的粉尘浓度。

3. β射线吸收法

β射线吸收法的原理是：让β射线通过特定物质后，其强度将衰减，衰减程度与所穿过的物质厚度有关，而与物质的物理、化学性质无关。β射线测尘仪工作原理如图 5-9 所示。它是通过测定清洁滤带（未采尘）和采尘滤带（已采尘）对β射线吸收程度的差异来测定的。因采集含尘空气的体积是已知的，故可得到空气中粉尘的浓度。

设两束相同强度的β射线分别穿过清洁滤带和采尘滤带后的强度为 N_0（计数）和 N

（计数），则两者关系为：

$$N = N_0^{-K \cdot \Delta M} \quad \text{或} \quad \ln \frac{N_0}{N} = K \cdot \Delta M \quad (5\text{-}5)$$

式中：K 为质量吸收系数（cm^2/mg）；ΔM 为滤带单位面积上粉尘的质量（mg/cm^2）。

经变换可写成：

$$\Delta M = \frac{1}{K} \ln \frac{N_0}{N} \quad (5\text{-}6)$$

设滤带采尘部分面积为 S，采气体积为 V，则空气中含尘浓度（c）为：

$$c = \frac{\Delta M \cdot S}{V} = \frac{S}{VK} \ln \frac{N_0}{N} \quad (5\text{-}7)$$

式（5-7）说明，当仪器工作条件选定后，粉尘浓度决定于滤带单位面积上粉尘的质量、β射线穿过清洁滤带和采尘滤带两次计数的比值。

β射线源可用 ^{14}C、^{60}Co 等检测器采样计数管对放射性脉冲进行计数，反映β射线的强度。为研究粉尘的物理化学性质、形成机理和粉尘粒径对人体健康的危害关系，需要测定粉尘的粒径分布。

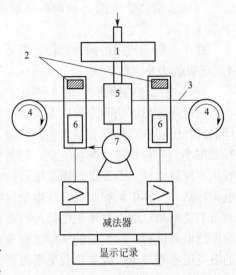

图 5-9　β射线粉尘测定仪工作原理
1—大粒子切割器；2—射线源；3—玻璃纤维滤带；
4—滚筒；5—集尘器；6—检测
器（计数管）；7—抽气泵

4. 光散射法

光散射法测尘仪原理是粉尘颗粒对光的散射。在抽气动力作用下，将空气样品连续吸入暗室，平行光束穿过暗室，照射到空气样品中的细小粉尘颗粒时，发生光散射现象，产生散射光。颗粒物的形状、颜色、粒度及其分布等性质一定时，散射光强度与颗粒物的质量浓度成正比。散射光经光电传感器转换成微电流，微电流被放大后再转换成电脉冲数，利用电脉冲数与粉尘浓度呈正比的关系便能测定空气中粉尘的浓度。

$$c = K(R - B) \quad (5\text{-}8)$$

式中：c 为空气中 PM10 质量浓度（mg/m^3）；R 为仪器测定颗粒物的测定值——电脉冲数，$R =$ 累计读数$/t$，t 为设定的采样时间（min）；B 为仪器基底值，即无粉尘的空气通过时仪器的测定值；K 为颗粒物质量浓度与电脉冲数之间的转换系数。

当被测颗粒物质量浓度相同，而粒径、颜色不同时，颗粒物对光的散射程度也不相同，仪器测定的结果也不相同。因此，在某一特定的采样环境中采样时，必须先将重量法与光散射法相结合，测定计算出 K 值。光散射法仪器出厂时给出的 K 值是仪器出厂前，厂方用标准粒子校正后的 K 值，该值只表明同一型号的仪器 K 值相同，仪器的灵敏度一致，不是实际测定样品时可用的 K 值。

实际工作中 K 值的测定方法为：在采样点将重量法、光散射法测定所用的相同采样器的采样口放在采样点的相同高度和同一方向，同时采样 10min 以上，根据式（5-8），用两种仪器所得结果计算 K 值：

$$K = \frac{C}{R - B} \quad (5\text{-}9)$$

式中：C 为重量法测定 PM10 的质量浓度值（mg/m³）；R 为光散射法所用仪器的测量值，电脉冲数。

■5.3 粉尘分散度的测定

粉尘分散度是指粉尘各粒径区间的粉尘质量或数量占总质量或数量的百分比。粒径小的粉尘粒子比例越大，粉尘分散度愈高。反之，分散度越低。

我国现行作业场所劳动卫生检测标准采用数量分散度表示粉尘分散度，规定的测定方法主要采用滤膜溶解涂片法和自然沉降法。

1. 滤膜溶解涂片法

滤膜溶解涂片法又称滤膜法。其原理是把采样后的滤膜溶解于有机溶剂中，形成粉尘粒子的混悬液，制成标本，在显微镜下测定（图 5-10）。

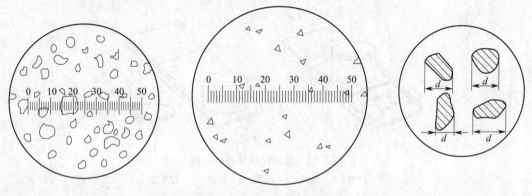

图 5-10　粒径测定示意图

将采集粉尘后的聚氯乙烯纤维滤膜放在洁净干燥的瓷坩埚或小烧杯中，用吸管加入 2mL 乙酸丁酯，再用玻璃棒轻轻地充分搅拌，制成均匀的粉尘混悬液，立即用滴管吸取一滴，滴于载物玻片上，用另一载物玻片成 45°角推片，贴上标签、编号、注明采样地点及日期。如不能及时检测，应把制好的标本保存在玻璃平皿中，避免外界粉尘的污染。测定时，先在 400～600 倍的放大倍率下，用物镜测微尺校正目镜测微尺每一刻度的间距. 即将物镜测微尺放在显微镜载物台上，目镜测微尺放在目镜内。在低倍镜下（物镜 4× 或 10×），找到物镜测微尺的刻度线，将其刻度移到视野中央，然后换成测定时所需倍率，在视野中心使物镜测微尺的任一刻度与目镜测微尺的任一刻度相重合。然后找出两尺再次重合的刻度线，分别数出两种测微尺重合部分的刻度数，计算出目镜测微尺一个刻度的间距。

分散度的测定方法：取下物镜测微尺，将粉尘标本放在载物台上，先用低倍镜找到粉尘粒子，然后用 400～600 倍观察（倍数与校正时相同）。用目镜测微尺无选择地依次测定粉尘粒子的大小。至少测量 200 个尘粒，填写记录表，算出百分数。

粉尘数量分散度测量记录表　　　　　　　　　　　　　表 5-1

粒径(μm)	<2	2～	5～	≥10
尘粒数(个)				
百分数(%)				

显微镜放大倍数的选择：若粉尘粒径的分布范围较窄，可用一个放大倍数观测，一般选用物镜的放大倍数为 40 倍，目镜放大倍数为 10～15 倍，总放大倍数为 400～600 倍。对微细粉尘可用更高的放大倍数。

该法中尘样经溶剂稀释、搅拌等操作，部分大颗粒，尤其是因荷电性凝集的尘粒可能破碎；可溶于有机溶剂的粉尘，在乙酸丁酯中溶解变形。因此，它反映尘样在空气中的真实性较自然沉降法差。对可溶于有机溶剂中的粉尘和纤维状粉尘不适用，应采用自然沉降法。

2. 自然沉降法

自然沉降法又称格林氏沉降法或沉降法。

自然沉降法的原理：将现场含尘空气采集到格林氏沉降器（图 5-11）的金属圆筒中，使尘粒自然沉降在盖玻片上，在显微镜下测定，按粒径分组计算其尘粒数的百分率。

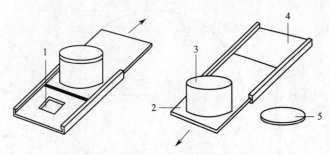

图 5-11　格林氏沉降器的结构
1—凹槽；2—滑板；3—圆筒；4—底座；5—圆筒盖

操作步骤：将盖玻片用铬酸洗液浸泡，用水冲洗后，再用 95％乙醇擦洗干净晾干；然后放在沉降器的凹槽内，推动滑板至与底座平齐，盖上圆筒盖以备采样。采样时将滑板向凹槽方向推动，直至圆筒位于底座之外，取下筒盖，上下移动数次，使含尘空气进入圆筒内，盖上圆筒盖，推动滑板至与底座平齐。然后将沉降器水平静置 3h，使尘粒自然降落在盖玻片上。将滑板推出底座外，取出盖玻片贴在载物玻片上，并编号、注明采样日期及地点。然后在显微镜下测量。

粉尘分散度的测量及计算与滤膜溶解涂片法相同。

自然沉降法测定的尘粒，其形状没有变化，测定结果能较真实地反映现场粉尘的状态。采样前应洗净载玻片和盖玻片，保证无尘；采样时要用采样点的气样充分置换沉降器中原有气体；采样后在尘样的送检、存放过程中要避免震动和污染，特别是静置采样时必须保证不受震动、温度变化小，以利于尘粒的自然沉降；应在空气清洁场地安放和取出盖玻片，以免污染。测定时必须选择标定时的光学条件，测定 200 个以上尘粒，若测定尘粒数太少，则代表性差，粉尘分散度结果误差大。

■5.4　粉尘中化学成分的测定

粉尘中有害化学成分主要是二氧化硅和重金属元素。在自然界中，硅元素主要以硅酸盐和游离二氧化硅的形式存在，游离二氧化硅是指没有与金属及金属氧化物结合的二氧化硅，常以结晶形态存在，化学分子式为 SiO_2。

游离二氧化硅是地壳的主要成分之一，石英中97％以上、砂岩中80％左右、花岗岩中65％以上都是游离二氧化硅，其他大部分岩石中也都含有游离二氧化硅。在采掘作业的凿岩、爆破、运输，在修建铁路、水利工程、开挖隧道、采石等工程作业中常常产生大量含石英岩尘。在石粉厂、玻璃厂和耐火材料等厂的原料破碎、研磨、筛分和配料等工序也都产生大量粉尘。若作业场所通风除尘条件差，防护措施不得当，人们长期吸入含有游离二氧化硅的粉尘，可引起以肺组织纤维化为主的职业性疾病——矽肺。检测和控制含游离二氧化硅粉尘在空气中的污染，对职业安全具有重要意义。

5.4.1 粉尘中游离二氧化硅含量的测定

游离二氧化硅含量测定的方法很多，包括：焦磷酸质量法、碱熔钼蓝比色法、X射线衍射法和红外光谱测定法。

1. 焦磷酸质量法

（1）原理

在245～250℃的温度下，焦磷酸能溶解硅酸盐及金属氧化物，而对游离二氧化硅几乎不溶。因此，用焦磷酸处理样品后，所得残渣质量即为游离二氧化硅的量，以百分数表示。

（2）测定方法

1）样品处理

将采集到的粉尘经烘干和研磨（粒径至5μm以下）处理之后，准确称样100～200mg，放入50mL的硬质锥形瓶中，加入已制好的焦磷酸15mL，并用圆头玻璃棒搅拌至完全湿润，插入300℃的温度计，置于可调电热的电炉上迅速加热至245～250℃，在此温度下，持续15min。再用热蒸馏水洗至无酸性反应为止（可用pH试纸检验），如用铂坩埚时，要洗至无磷酸根反应后再洗涤3次。上述过程应在当天完成。

2）测定方法

在室温下冷却至100～150℃，再在冷水中冷却至40～50℃后，将其慢慢倒入盛有约100mL、50～80℃蒸馏水的硬质玻璃烧杯中，使其完全混合。再用50℃左右的蒸馏水洗净锥形瓶，清洗液加入到样液中，将样液稀释至150～200mL，搅拌均匀，煮沸，趁热过滤。

过滤完毕后，滤纸上的沉淀物用0.1N的盐酸洗3～5次，再用蒸馏水洗至无酸性反应为止。将滤纸和沉淀物置于已恒重的磁坩埚中，先低温炭化（切忌明火），然后放入高温电炉，以950～1000℃灼烧30min，冷却称量至恒重。游离SiO_2的含量按下式计算：

$$SiO_2(F) = \frac{W_2 - W_1}{G} \times 100\% \tag{5-10}$$

式中，W_1为空坩埚的恒重值（g）；W_2为坩埚与沉淀物的总重（g）；G为样品质量（g）。

3）焦磷酸难溶物质的处理

若粉尘中含有焦磷酸难溶的物质时，如碳化硅、绿柱石、电气石、黄玉等，需用氢氟酸在铂坩埚中处理。

将带有沉渣的滤纸放入铂坩埚内，如步骤（2）灼烧至恒量（m_2），然后加入数滴9mol/L硫酸溶液，使沉渣全部湿润。在通风柜内加入5～10mL 40％氢氟酸，稍加热，使沉渣中游离二氧化硅溶解，继续加热至不冒白烟为止（要防止沸腾）。再于 900℃下灼烧，称至恒量（m_3）。氢氟酸处理后粉尘中游离二氧化硅含量为：

$$W = \frac{m_2 - m_3}{m} \times 100 \tag{5-11}$$

式中：W 为粉尘中游离二氧化硅含量（%）；m_2 为氢氟酸处理前，坩埚加游离二氧化硅和焦磷酸难溶物质的质量（g）；m_3 为氢氟酸处理后，坩埚和焦磷酸难溶物质的质量（g）；m 为粉尘样品质量（g）。

2. 碱熔钼蓝比色法

（1）原理

将粉煤灰试样经碱熔分解，在 0.1～0.2mol/L 盐酸介质中硅变为正硅酸，在 0.1～0.2mol/L 酸度下，硅酸与钼酸铵生成黄色的硅钼杂多酸 $H_8[Si(Mo_2O_7)_6]$（俗称硅钼黄）

$$H_4SiO_4 + 12H_2MoO_4 = H_8[Si(Mo_2O_7)_6] + 10H_2O$$

硅钼黄不够稳定，通常用抗坏血酸将其还原成蓝色的 $H_8[Si(Mo_2O_5)(Mo_2O_7)_5]$（俗称硅钼蓝），然后进行比色，这就是碱熔钼蓝比色法。

用等量碳酸氢钠与氯化钠混合成混合熔剂。在坩埚中将粉尘与混合熔剂混匀 270～300℃时，碳酸氢钠发生热分解反应，转变成碳酸钠。

$$2NaHCO_3 \longrightarrow Na_2CO_3 + H_2O + CO_2\uparrow$$

加热至 800～900℃时，碳酸钠与粉尘中的硅酸盐不作用，选择性地与粉尘中的游离二氧化硅反应，生成水溶性硅酸钠。

$$Na_2CO_3 + SiO_2 \longrightarrow Na_2SiO_3 + CO_2\uparrow$$

硅酸钠溶解于水中，而非碱金属的硅酸盐不溶于水，经过滤将不溶物分离掉。在酸性条件下，硅酸钠与钼酸铵作用形成黄色的硅钼酸铵配合物（俗称硅钼黄）

$$NaSiO_3 + 8(NH_4)_2MoO_4 + 7H_2SO_4 \longrightarrow$$
$$[(NH_4)_2SiO_3 \cdot 8MoO_3] + 7(NH_4)_2SO_4 + 8H_2O + Na_2SO_4$$
$$[(NH_4)_2SiO_3 \cdot 8MoO_3] + 2H_2SO_4 \longrightarrow$$
$$[Mo_2O_5 \cdot 2MoO_3]_2 \cdot H_2SiO_3 + 2(NH_4)_2SO_4 + 2H_2O$$

硅钼黄不够稳定，通常用抗坏血酸（Vc）将其还原成蓝色的硅钼蓝，然后用标准曲线法进行比色，这就是碱熔钼蓝比色法。

（2）测定方法

1）分析步骤。 准确称取 0.1000g 试样，均匀置于石墨坩埚中，加入数滴乙醇，润湿试样后，加入 1.5g 氢氧化钠，用玻璃棒搅拌均匀，将玻璃棒前端用一小片滤纸擦净，并放入石墨坩埚中，然后套上瓷坩埚，放入高温炉中，120℃左右逐乙醇去后，升温至 400℃保温 10min，继续升温至 650℃熔融 10 min，取出坩埚，趁热摇动，冷凝熔融物。

用滤纸擦净坩埚底部，放入聚四氟乙烯烧杯中，向坩埚中加入沸水 100mL，盖上表面皿，加热至近沸使溶块全部溶解，将溶液移入坩埚用热水冲洗两次，用聚四氟乙烯棒搅拌使沉淀尽量溶解，坩埚和盖用热水洗净。再用 1%硫酸洗涤坩埚并入烧杯中，然后在不断搅拌下逐滴加入 6mol/L 硫酸 10mL 酸化。将溶液移入玻璃杯中，加热近沸，冷却后移入 200mL 容量瓶中，用水稀释至刻度，摇匀。此制备试液供测定二氧化硅、三氧化二铁、三氧化二铝用。

静止后吸取上层清液 2mL 于 100mL 于 100mL 容量瓶中，加水 40mL 和 1mol/L 硫酸 5mL，以下按标准系列同样步骤进行显色测定。

2）标准曲线绘制 。在一系列 100mL 容量瓶中，先加水 40mL 和 1mol/L 硫酸 5mL，依次移取二氧化硅标液 0，100μg，300μg，500μg，700μg，900μg，加入 3mL 钼酸铵溶液，摇匀，加乙醇 8mL，摇匀。据室温不同，放置适当时间（室温低于 20℃时，放置 15~20min；20~30℃时，放置 10~15min；30~40℃时放置 5~10min）。加入 6mol/L 硫酸 18mL，摇匀，加 1% 抗坏血酸 3mL，摇匀，用水稀释至刻度，摇匀。待显色完全（约 1~2 小时）后在分光光度计 700nm 波长处，用 1cm 比色皿进行比色测其吸光度，绘制标准曲线。

3）分析结果计算。二氧化硅的含量为：

$$SiO_2(\%) = \frac{m \times 10^{-6}}{G} \times 100 \qquad (5-12)$$

式中，m 为从工作曲线上查得试样溶液的二氧化硅量（μg）；G 为试样量（g）；分析结果表示至小数点后第二位。

（3）影响因素

1）影响测定结果的关键因素—硅酸的聚合。

硅酸在酸性溶液中能发生聚合作用，形成二聚、三聚……等多种状态。高聚合态的硅酸不能与钼酸盐形成硅钼杂多酸，只有单硅酸能与钼酸盐形成硅钼杂多酸，进而被还原成硅钼蓝。因此，防止硅酸聚合是保证测定结果准确的关键因素。

硅酸的聚合程度与溶液的酸度、温度、硅酸浓度及煮沸和放置时间有关。酸度越大，硅酸聚合越严重。实验证明，当二氧化硅浓度为 0.7mg/mL 时，酸度不大于 0.35mol/L，硅酸溶液在 8 天内不会出现聚合现象。加热煮沸温度越高，放置时间越长，硅酸聚合越严重。

硅酸浓度越大，硅酸聚合越严重。因此，本法适用与低含量二氧化硅的测定。若含量不太低，则需少取样。

2）显色条件 。硅钼黄有 α-硅钼酸和 β-硅钼酸两种形态，后者的吸光度比前者大，它们转变成硅钼蓝后，后者的吸光度也比前者大得多。实验表明，当 pH 在 1.0~1.8 之间时主要形成 β-硅钼酸，当 pH 在 3.8~4.8 之间时主要形成 α-硅钼酸。此外，加入甲醇、乙醇、丙醇、丙酮等有机试剂可以提高 β-硅钼酸的稳定性。

（4）主要干扰因素

磷、砷、锗与钼酸铵也生成相似的黄色杂多酸，从而干扰测定。但磷、砷在酸度高时反应较慢，故可在还原前适当提高酸度，并在 4 小时内测定完毕。锗的含量甚微，可以忽略。

3. X 射线衍射法

（1）原理

当 X 线照射游离二氧化硅结晶时，将产生 X 线衍射；在一定的条件下，衍射线的强度与被照射的游离二氧化硅的质量成正比。利用测量衍射线强度，对粉尘中游离二氧化硅进行定性和定量测定。

该法测定的游离的 SiO_2 是 α-石英。衍射线的强度与粉尘粒径有关，粒径 >10μm，强度下降。要求标准粉尘的粒径与样品一致，滤膜采尘量应控制在 2～5mg。

（2）测定方法

1）样品处理：准确称量采样后滤膜上粉尘的质量（m）。按旋转样架尺度将滤膜剪成待测样品 4～6 个。

2）标准 α-石英粉尘制备：将高纯度的 α-石英晶体粉碎后，首先用盐酸溶液浸泡 2h，除去铁等杂质，再用水洗净烘干。然后用玛瑙乳钵或玛瑙球磨机研磨，磨至粒度小于 10μm 后，于氢氧化钠溶液中浸泡 4h，以除去石英表面的非晶形物质，用水充分冲洗，直到洗液呈中性（pH＝7），干燥备用。或用符合本条要求的市售标准 α-石英粉尘制备。

3）标准曲线的制作：将标准 α-石英粉尘在发尘室中发尘，用与工作场所采样相同的方法，将标准石英粉尘采集在已知质量的滤膜上，采集量控制在 0.5～4.0mg 之间，在此范围内分别采集 5～6 个不同质量点，采尘后的滤膜称量后记下增量值，然后从每张滤膜上取 5 个标样，标样大小与旋转样台尺寸一致。在测定 α-石英粉尘标样前，首先测定标准硅在（111）面网上的衍射强度（CPS）。然后分别测定每个标样的衍射强度（CPS）。计算每个点 5 个 α-石英粉尘样的算术平均值，以衍射强度（CPS）均值对石英质量绘制标准曲线。

4）样品测定

定性分析。在进行物相定量分析之前，首先对采集的样品进行定性分析，以确认样品中是否有 α-石英存在。

物相鉴定：将待测样品置于 X 线衍射仪的样架上进行测定，将其衍射图谱与《粉末衍射标准联合委员会（JCPDS）》卡片中的 α-石英图谱相比较，当其衍射图谱与 α-石英图谱相一致时，表明粉尘中有 α-石英存在。

定量分析。X 线衍射仪的测定条件与制作标准曲线的条件完全一致。

首先测定样品（101）面网的衍射强度，再测定标准硅（111）面网的衍射强度；对测定结果进行计算：

$$IB = \frac{I_i - I_s}{I} \tag{5-13}$$

式中：IB 为粉尘中石英的衍射强度；I_i 为采尘滤膜上石英的衍射强度；I_s 为在制定石英标准曲线时，标准硅（111）面网的衍射强度；I 为在测定采尘滤膜上石英的衍射强度时，测得的标准硅（111）面网衍射强度。

如仪器配件没有配标准硅，可使用标准石英（101）面网的衍射强度（CPS）表示 I 值。

由计算得到的 IB 值，从标准曲线查出滤膜上粉尘中 α-石英的质量。

结果计算。粉尘中游离二氧化硅（α-石英）含量的计算方法为：

$$W = \frac{m_1}{m} \times 100 \tag{5-14}$$

式中：W 为粉尘中游离二氧化硅（α-石英）含量，％；m_1 为滤膜上粉尘中游离二氧化硅（α-石英）的质量，mg；m 为粉尘样品质量，mg。

X 射线衍射法测定的粉尘中游离二氧化硅系指 α-石英，其检出限受仪器性能和被测物的结晶状态影响较大；一般 X 线衍射仪中，当滤膜采尘量在 0.5mg 时，α-石英含量的检出限可达 1％。粉尘粒径大小影响衍射线的强度，粒径在 10μm 以上时，衍射强度减弱；

因此制作标准曲线的粉尘粒径应与被测粉尘的粒径相一致。使用该方法时，单位面积上粉尘质量不同，石英的 X 线衍射强度有很大差异。因此滤膜上采尘量一般控制在 2mg～5mg 范围内为宜。当有与 α-石英衍射线相干扰的物质或影响 α-石英衍射强度的物质存在时，应根据实际情况进行校正。

4. 红外光谱测定法

（1）原理

红外吸收波谱是电磁辐射的一种。按红外波长的不同，可以分为 3 个区域：近红外区，波长 $0.77～2.5\mu m$；中红外区，波长 $2.5～25\mu m$；远红外区，波长 $25～1000\mu m$。红外光谱分析主要是应用中红外光谱区域。

生产性粉尘中常见 α-石英，α-石英在红外光谱中于 12.5（$800cm^{-1}$）、12.8（$780cm^{-1}$）及 14.4（$695cm^{-1}$）处出现特异性的吸收谱带，在一定的范围内其吸光度值与 α-石英质量呈线性关系。

红外分光光度计基本结构见图 5-12。

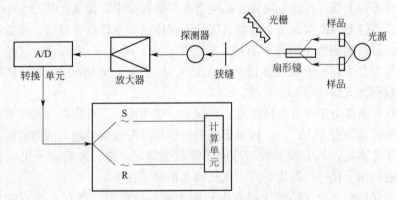

图 5-12　红外分光光度计基本结构示意图

（2）测定方法

1）样品处理

准确称量采样后滤膜上粉尘的质量（m）。然后放在瓷坩埚内，置于低温灰化炉或电阻炉（低于 600℃）内灰化，冷却后，放入干燥器内待用。称取 250mg 溴化钾和灰化后的粉尘样品一起放入玛瑙乳钵中研磨混匀后，连同压片模具一起放入干燥箱（110±5℃）中 10min。将干燥后的混合样品置于压片模具中，加压 25MPa，持续 3min，制备出的锭片作为测定样品。同时，取空白滤膜一张，同上处理，制成样品空白锭片。

2）石英标准曲线的绘制：精确称取不同质量（0.01～1.00mg）的标准 α-石英尘，分别加入 250mg 溴化钾，置于玛瑙乳钵中充分研磨均匀，同样品处理，制成标准系列石英锭片。将标准系列石英锭片置于样品室光路中进行扫描，分别以 $800cm^{-1}$、$780cm^{-1}$ 和 $694cm^{-1}$ 三处的吸光度值为纵坐标，以石英质量为横坐标，绘制三条不同波长的 α-石英标准曲线，并求出标准曲线的回归方程式。在无干扰的情况下，一般选用 $800cm^{-1}$ 标准曲线进行定量分析。

3）样品测定：分别将样品锭片与样品空白锭片置于样品室光路中进行扫描，记录 $800cm^{-1}$（或 $694cm^{-1}$）处的吸光度值，重复扫描测定 3 次，测定样品的吸光度均值减去样品空白的吸光度均值后，由 α-石英标准曲线，得出样品中游离二氧化硅的质量。

4）结果计算。粉尘中游离二氧化硅的含量计算方法为：

$$W = \frac{m_1}{m} \times 100 \qquad (5-15)$$

式中：W 为粉尘中游离二氧化硅（α-石英）的含量（%）；m_1 为测得的粉尘样品中游离二氧化硅的质量（mg）；m 为粉尘样品质量（mg）。

使用红外光谱测定法测定时，粉尘粒度大小对测定结果有一定影响，因此，样品和制作标准曲线的石英尘应充分研磨，使其粒度小于 5μm 者占 95% 以上，方可进行分析测定。

5.4.2 粉尘中重金属元素的测定

在工业生产尤其是化学工业生产过程中，某些化工原料、产品、中间体、辅料中含对人体有害的金属元素；在生产、使用、包装这些物料时所形成的粉尘自然也含有有害金属元素，如制造铅丹颜料时的铅尘、制造铬催化剂时的铬酐尘、碾磨锰矿时产生的锰尘、制造硬脂酸铜时的铜尘等，有些金属元素是夹杂在产品粉尘中，如氧化锌粉尘中含有镉。长期在这些生产岗位上的接尘人员，会使有害元素在体内积累，危害健康。根据不同的具体情况和目的，需要检测的金属元素有钠、铬、铅、汞、砷、锑、锰、钒、锌、钴、镍等；常用的检测分析方法有原子吸收光谱法（AAS）、原子发射光谱法（AES）、分光光度法（SP）、X 射线荧光光谱法（XFS）等。

原子吸收光谱法由于具有灵敏度高、干扰少、适用面广、操作简便快速等优点，是目前常用的金属元素分析方法之一。被采集到的粉尘样品需经预处理（酸溶或碱溶）转化成液体样品后才能测定。其中汞主要用冷原子吸收法测定，砷、锑的原子化用氢化物发生法，其他元素的原子化可用石墨炉原子化法或火焰原子化法。

火焰原子化法中，为保证测定过程中所用溶液不被污染，所有玻璃器皿在使用前用10% 硝酸浸泡 12h 以上，再用去离子水冲洗干净。被测粉尘样品用聚氯乙烯滤膜采样，按照滤膜重量法测定所采粉尘的质量。将采样后的滤膜置于 50mL 高型烧杯中，并取向批号的滤膜做空白试验，加入 5mL（1+9）的高氯酸—硝酸混合消解液，置于电沙浴（或电热板、微波消解器）中保持 200℃ 左右消解滤膜，根据消解情况补加少量硝酸，直至消解完全；上述操作要在通风橱内完成。残渣呈白色或浅黄色，用 0.2% 硝酸溶解残渣，转入10mL 容量瓶中，稀释至刻度待测。

上机测定前，先将原子吸收光谱仪预热半小时，调整到各元素相应的最佳操作条件。各元素的最灵敏线（测量波长，nm）分别为 Cd：228.8、Cr：357.9、Pb：283.3、Mn：279.5、Co：240.7、Ni：32.0、Zn：213.9。

标准曲线的绘制：首先配制待测元素的标准储备液，分别称取光谱纯或高纯的各种属0.5000g，或高纯度的盐、氧化物（换算出所需质量），用数毫升硝酸（1+1）溶解，必要时可加热，用水稀释到 500mL，配成 100mg/mL 的标准储备液。将其储存在聚乙烯塑料瓶中，放入冰箱中保存。临用时再以 0.2% 硝酸分别稀释成 10.0μg/mL（铅为 100μg/mL）的标准使用液。因为金属元素的硝酸盐不沉淀，所以用稀硝酸溶液作为稀释剂，可避免金属离子发生水解。全部实验用水均为去离子水。取 5 个 100mL 容量瓶，按元素的线性范围，配制待测元素的标准系列。测定各元素的吸光度，以吸光度对金属元素浓度

（μg/mL）绘制各元素的标准曲线。

样品测定：在绘制标准曲线的同时，测定样品溶液及其空白溶液的吸光度，从标准曲线查出样品及空白溶液中金属元素的浓度（μg/mL），计算式为：

$$C=(C_1-C_0)/1000V_0\times10.0 \tag{5-16}$$

式中，C_1 为待测金属元素在空气中的浓度（μg/mL）；C_1 为样品溶液中金属元素浓度（μg/mL）；C_0 为滤膜空白溶液中金属元素浓度（μg/mL）；V_0 为换算成标准状态下的采样体积（m³）。

原子吸收光谱法测粉尘中重金属的测定范围、灵敏度和检测限　　　　表 5-2

元素	测定范围(μg·mL^{-1})	灵敏度(μg·mL^{-1}/1%)	检测限(μg·mL^{-1})
Cd	0.2~2.0	0.01	0.005
Co	1.0~5.0	0.12	0.09
Cr	0.5~5.0	0.05	0.09
Mn	0.2~3.0	0.02	0.026
Ni	1.0~5.0	0.05	0.03
Pb	2.0~20	0.20	0.06
Zn	0.15~1.0	0.01	0.05

一般情况下，待测各元素间相互干扰很小，特别是在浓度低于 100μg/mL 可忽略. 故多元素同时测定时可配制混合标准溶液。除铅以外，含铁 100~500μg/mL。对表中所列其他待测元素均有不同程度的干扰，其中铬影响显著。含 SiO_3^{2-} 100μg/mL 对铬的测定将导致明显的负偏差。铁对铬的干扰可用氯化铵予以消除；硅的干扰可将样品溶液静置沉淀或离心除去。

■5.5　粉尘可燃性和爆炸性的测定

粉尘爆炸是指悬浮于空气中的可燃性（或还原性）粉尘的爆炸。最常见的粉尘爆炸是煤尘的爆炸。机械化的面粉厂、制糖厂、纺织厂以及铝、镁、炭化钙等生产场所悬浮于空气中的细微粉尘都有极大的爆炸危险性。避免粉尘爆炸的根本方法是防止或减少粉尘外逸、有效的通风除尘。

粉尘爆炸必须具备 3 个条件：粉尘浓度在爆炸极限之内、有氧化性气体（通常是氧气）和点燃源。碳氢化合物的单位重量燃烧热大致相等，其下限约在 45~50g/m³；爆炸上限一般都比较高，实际情况下很难达到。粉尘的爆炸性与其颗粒大小有关，颗粒越细，单位重量的粉尘表面积越大，吸附的氧就越多，发火点和爆炸下限也越低。颗粒越细越容易带上静电。细小粉尘的爆炸危险性还与其物理化学性质有关，粉尘物质的燃烧热越大，则其粉尘的爆炸危险性越大；越易被氧化的物质，其粉尘越易爆炸；易带静电的粉尘易引起爆炸，在产生粉尘的过程中，由于摩擦、碰撞等作用粉尘一般都带有电荷，细小粉尘带电后其物理性质将发生改变，其爆炸性质也会变化。

5.5.1　粉尘可燃性特征值的测定

特征值是在一定条件下的测定值，只有实验室测试条件接近于现场实际情况时，测定数据才接近实际。

1. 自发火（自燃）温度（t_z）的测定

自发火温度（自燃温度）是指产生自发火的初始温度。通常采用温度记录法进行测定。图 5-13 是按差分温度记录法测定 t_z 的实验装置。

首先将盛有试验粉尘及惰性物质的坩埚 4 和 3 连同插入其中的热电偶一起置于反应管 5 中，用支撑管固定于竖炉 2 内。用双坐标自动电位计平行记录热电偶的指示值。将一定组成的混合气送入反应管中，由气体分析器测定指示氧浓度。在不同氧浓度下重复进行试验. 测出粉尘发火时的最低氧浓度。根据温度记录图上的拐点，确定粉尘自发燃烧的开始点。

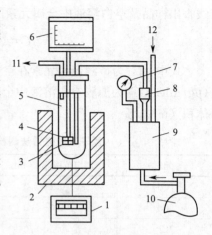

图 5-13　测定自发火温度的装置图
1—电位计；2—竖炉；3—盛有标准物质的坩埚；4—盛有试验粉末的坩埚；5—反应管；6—双坐标电位计；7—压力计；8—流量计；9—集气包；10—气体瓶；11—氧气体分析仪；12—压缩空气

2. 被发火温度（点火温度）的测定

被发火温度（点火温度）指引起发火的热源的最低温度。将粉尘试样置于热金属传热板上，利用热金属棒作为点火源。使热金属棒与粉尘表面接触，粉尘的温度用插入其中的热电偶测量。用电位计记录其读数，在温度记录图上，温度上升的跃点即为点火温度。

3. 阴燃温度（t_y）的测定

阴燃温度是指由于加热产生阴燃时粉尘的最低温度。阴燃温度是自加热温度不高于（600～700℃）的粉尘特性指标，这种粉尘燃烧时不起火焰或者自发火温度相当高。

测定时先将粉尘以一定厚度均匀铺撒在加热板上，加热板是敞开的，以使空气自由流通和产生强烈的热交换，用电位计记录阴燃温度。

煤粉的最低阴燃温度是 125℃，黄铁矿粉为 150℃，菱铁矿粉为 500℃。

4. 爆燃温度（t_b）的测定

爆燃温度是指可燃物质在试验条件下，其表面上方形成能由点火源产生的爆炸蒸气及与空气的混合物，但形成速度还不足以产生后继燃烧的最低温度。

对于固态熔融状有机物质，例如石油沥青、焦油沥青等需要测定爆燃温度。按其数值对生产工艺、厂房、设备发生火灾及爆炸的危险性的大小进行分级。

测定时，先将试样以 14～17℃/min 的速度进行加热，然后降低其加热速度，即在温度到达 t_b 之前的最后 28℃，把加热速度降为 5～6℃/min，开始测定 t_b。此时把煤气烧咀的火焰在试样表面上方不断移动 1～1.5cm/s。温度每上升 2℃重复进行一次测试。

测定 t_b 以后继续以 5～6℃/min 的速度加热试样，其温度提高到发火温度。由于煤气烧咀的火焰而使物质发火，移开烧咀的火焰使其继续燃烧不少于 5s 的时间，这当中的最低温度为发火温度。

5.5.2　粉尘爆炸性特征值的测定

粉尘爆炸特性一般在粉尘云发生装置内测定。粉尘云发生装置的关键是能否造成均匀的粉尘云。粉尘爆炸特性试验装置，大致由以下几部分构成：喷粉系统、测量发火温度系统、测量爆炸压力及压力增长速度系统、观察发火过程及火焰扩散过程窗口。在煤矿工业方面，许多国家都建立了地下或地面的大型煤尘爆炸试验巷道或中、小型管道，以此来研究煤尘的爆炸传播特性，检验抑制爆炸的措施。

可采用20L爆炸球实验装置完成爆炸参数的测量。

（1）爆炸下限。爆炸下限的测试应该从一个可爆炸的粉尘浓度开始实验，然后逐渐降低该浓度值，直至无爆炸发生为止。为确保无爆炸的发生，最少需在该浓度值上重复三次以上试验。采用的点火能量约为2kJ。关于是否爆炸的判据，国际上尚无定论。根据20L爆炸球创始人R. Siwek的观点，以比单纯点火头爆炸超压大0.5Bar为爆炸判据。

（2）最大爆炸压力和最大爆炸压力上升速率及爆炸指数。最大爆炸压力P_{max}和最大爆炸压力上升速率$\left(\dfrac{dp}{dt}\right)_{max}$可以从压力—时间曲线上判定。测试粉尘浓度应该在一广泛范围内变化，直到P_{max}和$\left(\dfrac{dp}{dt}\right)_{max}$均无增加为止。一般，$P_{max}$和$\left(\dfrac{dp}{dt}\right)_{max}$不出现在同一粉尘浓度值上。

（3）极限氧浓度。可燃粉尘云中氧浓度低于一定值时不会发生爆炸。实验时，逐步降低20L爆炸球内的氧气浓度，并调整粉尘浓度值直到不爆炸为止，此值即为极限氧气浓度。

1. 测试方法

测试装置结构及工作原理如图5-14，由爆炸容器、粉尘分散装置、控制系统和压力测试系统组成。预先将20L球形装置内部抽至一定的真空度，用2MPa（绝对压力）的高压空气将储粉罐内的可燃粉尘经气粉两相阀和分散阀分散，使得容器内初始压力恰好为1个大气压。然后用化学点火装置点火引爆气粉混合物。通过安装在容器壁内的压力传感器

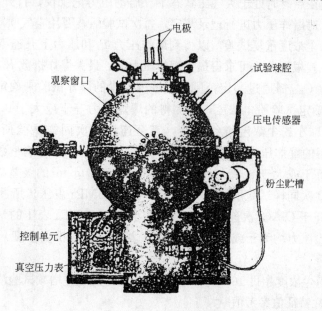

图5-14　20L爆炸球装置

记录压力—时间曲线。通过对压力—时间曲线分析，可以得到实验的最大爆炸压力 P_{max} 和最大爆炸压力上升速率 K_{max}。

装置主体为不锈钢双层夹套球形容器，如图 5-15 所示。容器盖附近有安全限位开关，只有当容器盖位于锁定位置时，控制系统才能进行进气、喷粉和点火。储粉罐上安装有电接点压力表，只有当压力达到设定压力 2MPa（表压）时，点火按钮才能工作。容器上设有观察窗，可以观察到点火和爆炸发出的光。

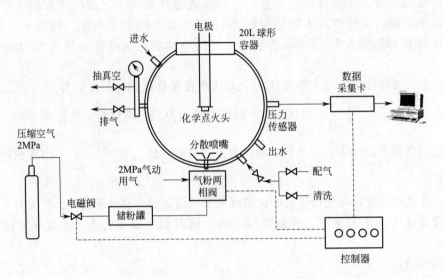

图 5-15　20L 爆炸测试系统示意图

2. 测定步骤

把粉尘试样放入粉尘容器中，用压缩空气加压到 2.0MPa。将爆炸室抽成一定真空状态，以确保爆炸室在点燃时处于大气压状态下。启动压力记录仪，打开粉尘容器的阀门，滞后点燃点火源，对爆炸压力进行记录测定。每次试验后，要用空气吹净爆炸室。

采用不同的粉尘浓度重复试验，以得到爆炸压力 P 和压力上升速率（dp/dt）。随粉尘浓度变化的曲线，根据曲线可求得最大爆炸压力 P、最大爆炸指数 K_{max}。

爆炸下限浓度 C_{min} 需通过一定范围不同浓度粉尘的爆炸试验来确定。初次试验时按 $10g/m^3$ 的整数倍确定试验粉尘浓度，如测得的爆炸压力等于或大于 0.15MPa 表压，则以 $10g/m^3$ 的级差减小粉尘浓度继续试验，直至连续 3 次同样试验所测压力值均小于 0.15MPa。如测得的爆炸压力小于 0.15MPa 表压，则以 $10g/m^3$ 的整数倍增加粉尘浓度试验，至压力值等于或大于 0.15MPa 表压，然后，以 $10g/m^3$ 的级差减小粉尘浓度继续试验，直至连续 3 次同样试验所测压力值均小于 0.15MPa 表压。所测粉尘试样爆炸下限浓度 C_{min}。则介于 C_1（3 次连续试验压力均小于 0.15MPa 表压的最高粉尘浓度）和 C_2（3 次连续试验压力均等于或大于 0.15MPa 表压的最低粉尘浓度）之间，即：$C_1 < C_{min} < C_2$。

当所试验的粉尘浓度超过 $100g/m^3$ 时，按 $20g/m^3$ 的级差增减试验浓度。

3. 粉尘爆炸性特征值参考值

表 5-3、表 5-4 给出了某些物料的发火及爆炸性指标，供实际工作中参考。

物料	尘粒粒径 (μm)	发火温度 (℃)	发火浓度 下限(g/m³)	爆炸时的 最大压力 (kPa)	压力最大 增长速度 (kPa/s)	点火的最 小能量 (MJ)	氮气中爆炸安 全极限含氧量 (%)
铝粉	<20	540	45	780	19700	0.047	6.5
铝珠	<50	780	50	650	8300	0.047	6.0
铝镁合金	<50	530	2	600		0.047	3.0
硼	<44	470	100	630	17000	60	—
青铜粉	<53	370	1000	300	9000	—	—
钒	<74	860	150	620		280	15.0
还原铁	<50	270①	76	280	2840	6.8	12.0
700℃温度下在 氢中退火的铁粉	<50	270①	79	270	2640		13.0
雾化纯铁	<50	330①	103	300	5500		12.5
硅	<74	770	100	575	8300	21	11
镁	<74	450	10	660		0.025	0①
锰	<44	400	90	390	3700	180	—
硫	<74	205	10.7	360	20000	—	—
钛	<40	330	25	500		10	0
钍	7	270	75	350		5	2
钒铁	<74	440	1300	—		400	17②
锰铁	<50	495③	76	320	5000		7.8
硅铁(Si 75%)	<50	860	150	350	3500	280	15
钛铁	<50	550③	90	420	8000		10
锆	3~6	20	40	450		5	2①

注：①氢气中。②CO$_2$中。③沉淀层的自发火温度。

某些有机物粉尘的爆炸性特征值　　　　　　　　　　　表 5-4

名称	≤74μm 尘粒的 质量含量	湿度 (%)	灰分 (%)	自发火温度 (℃)	发火浓度下限 (g/m³)
小粒粉尘取自通风系统	36	6.2	2.6	715	12.6
取自粉尘室	—	10.5	17.5	735	22.7
奶粉	87	3.8	5.6	875	7.6
木屑		6.4	1.5		12.6~25

■5.6　生产性粉尘作业分级

5.6.1　分级基础

（1）分级应在综合评估生产性粉尘的健康危害、劳动者接触程度等的基础上进行。

（2）劳动者接触粉尘的程度应根据工作场所空气中粉尘的浓度、劳动者接触粉尘的作业时间和劳动者的劳动强度综合判定。

（3）生产工艺及原料无改变，连续 3 次监测（每次间隔 1 个月以上），测定粉尘浓度未超过职业接触限值且无尘肺病人报告的作业可以直接确定为相对无害作业。

5.6.2　分级依据

生产性粉尘作业分级的依据包括粉尘中游离二氧化硅含量、工作场所空气中粉尘的职业接触比值和劳动者的体力劳动强度等要素的权重数。

生产性粉尘中游离二氧化硅含量（M）的分级和权重数（W_M）取值见表 5-5、表 5-6。

游离二氧化硅含量的分级和取值   表 5-5

游离 SiO_2 含量(M)(%)	权重数(W_M)	游离 SiO_2 含量(M)(%)	权重数(W_M)
$M<10$	1	$50<M\leqslant80$	4
$10\leqslant M\leqslant50$	2	$M>80$	6

工作场所空气中粉尘的职业接触比值（B）分级和权重数（W_B）取值为：

生产性粉尘职业接触比值的分级和取值   表 5-6

接触比值(B)	权重数(W_B)	接触比值(B)	权重数(W_B)
$B<1$	0	$B>2$	B
$1\leqslant B\leqslant2$	1		

接触比值 B 的计算公式为：

$$B=C_{TWA}/PC-TWA\times100\%\tag{5-17}$$

式中：B 为生产性粉尘的接触比值；C_{TWA} 为工作场所空气中生产性粉尘 8h 时间加权平均浓度的实测值，单位为毫克每立方米（mg/m^3）；多次检测得到的 C_{TWA} 不一致时，以最大值计算接触比值；PC-TWA 为工作场所空气中该种粉尘的时间加权平均容许浓度，单位为毫克每立方米（mg/m^3）。工作场所存在两种以上粉尘时，参照《工作场所有害因素职业接触限值　第 1 部分：化学有害因素》GBZ 2.1—2007 标准进行粉尘浓度计算，游离二氧化硅权重数取各种粉尘中最大者。

劳动者的体力劳动强度分级和权重数（W_L）取值见表 5-7。

体力劳动强度的分级和取值   表 5-7

体力劳动强度级别	权重数(W_L)	体力劳动强度级别	权重数(W_L)
Ⅰ（轻）	1.0	Ⅲ（重）	2.0
Ⅱ（中）	1.5	Ⅳ（极重）	2.5

5.6.3 分级级别

生产性粉尘作业按危害程度分为四级：相对无害作业（0 级）、轻度危害作业（Ⅰ级）、中度危害作业（Ⅱ级）和高度危害作业（Ⅲ级）。

分级指数 G 计算方法为：

$$G=W_M\times W_B\times W_L\tag{5-18}$$

式中：G 为分级指数；W_M 为粉尘中游离二氧化硅含量的权重数；W_B 为工作场所空气中粉尘职业接触比值的权重数；W_L 为劳动者体力劳动强度的权重数。

根据分级指数 G，将生产性粉尘作业分为四级。

生产性粉尘作业分级   表 5-8

分级指数(G)	作业级别	分级指数(G)	作业级别
0	0 级（相对无害作业）	$6<G\leqslant16$	Ⅱ级（中度危害作业）
$0<G\leqslant6$	Ⅰ级（轻度危害作业）	>16	Ⅲ级（高度危害作业）

测得生产性粉尘中游离二氧化硅含量、工作场所空气中粉尘的职业接触比值和体力劳

动强度分级后，也可直接查阅表 5-9 进行生产性粉尘作业分级。

生产性粉尘作业分级表　　　　　表 5-9

游离 SiO₂ 含量(M)	体力劳动强度	粉尘的职业接触比值权重数(W_B)						
		<1	~2	~4	~6	~8	~16	<16
$M<10$	I	0	I	I	I	II	II	III
	II	0	I	I	II	II	II~III	III
	III	0	I	I~II	II	II	III	III
	IV	0	I	I~II	II	II~III	III	III
$10\leqslant M\leqslant 50$	I	0	I	I~II	II	II	III	III
	II	0	I	II	II~III	III	III	III
	III	0	I	II	III	III	III	III
	IV	0	I	II~III	III	III	III	III
$50<M\leqslant 80$	I	0	I	II	III	III	III	III
	II	0	I	II~III	III	III	III	III
	III	0	II	III	III	III	III	III
	IV	0	II	III	III	III	III	III
$M>80$	I	0	I	II~III	III	III	III	III
	II	0	II	III	III	III	III	III
	III	0	II	III	III	III	III	III
	IV	0	II	III	III	III	III	III

5.6.4　分级管理原则

应根据分级结果对生产性粉尘作业采取适当的控制措施。一旦作业方式或防护效果发生变化，应重新分级。

（1）0 级（相对无害作业）：在目前的作业条件下，对劳动者健康不会产生明显影响，应继续保持目前的作业方式和防护措施。

（2）I 级（轻度危害作业）：在目前的作业条件下，可能对劳动者的健康存在不良影响。应改善工作环境，降低劳动者实际粉尘接触水平，并设置粉尘危害及防护标识，对劳动者进行职业卫生培训，采取职业健康监护、定期作业场所监测等行动。

（3）II 级（中度危害作业）：在目前的作业条件下，很可能引起劳动者的健康危害。应在采取上述措施的同时，及时采取纠正和管理行动，降低劳动者实际粉尘接触水平。

（4）III 级（重度危害作业）：在目前的作业条件下，极有可能造成劳动者严重健康损害的作业。应立即采取整改措施，作业点设置粉尘危害和防护的明确标识，劳动者应使用个人防护用品，使劳动者实际接触水平达到职业卫生标准的要求。对劳动者及时进行健康体检。整改完成后，应重新对作业场所进行职业卫生评价。

思 考 题

1. 按粒径大小分类，粉尘可分为几类？

2. 哪些粉尘对人体健康的危害严重？

3. PM10 和 PM2.5 的含义是什么？

4. 生产性粉尘的主要危害有哪些？

5. 在采集粉尘样品时，粒子切割器的作用是什么？

6. 简述向心式和撞击式切割器的工作原理。

7. 保证滤膜重量法测定粉尘浓度的关键是什么？

8. 简述压电晶体差频法、β 射线法和光散射法的原理？

9. 何谓粉尘分散度？测定粉尘分散度的方法有哪些？各有什么优缺点？

10. 简述焦磷酸质量法的原理。

11. 采用 X 射线衍射法测定粉尘中游离二氧化硅时，哪些操作步骤对测定结果的准确性影响大？

12. 采用碱熔钼蓝比色法测定粉尘中游离二氧化硅时，哪些操作步骤对测定结果的准确性影响很大？

13. 测定粉尘中有害金属元素含量有何意义？是否所有粉尘都应测定金属元素含量？

14. 测定粉尘可燃性和爆炸性特征值有何意义？

第6章 高温作业检测

高温作业是一种职业性危害因素，是指作业环境热强度高，劳动强度大，对人体易造成危害的作业。由于企业和服务行业工作地点具有生产性热源，当室外实际气温达到本地区夏季室外通风设计计算温度时，其工作地点气温高于室外气温2℃或2℃以上的作业，称为高温作业。

高温是影响范围很广的一种生产性有害因素，在许多生产劳动过程中都有接触机会，常见的产生高温危害作业有：冶金工业的炼焦、炼铁、炼钢、轧钢作业，机械制造工业的铸造、锻造、热处理作业，陶瓷、玻璃、搪瓷、砖瓦等工业的炉窑作业，火力发电厂和轮船上的锅炉作业等高温强辐射作业；纺织、造纸工业的印染、缫丝、造纸等高温高湿作业以及农业、建筑、搬运等行业的夏季露天高温作业。

■ 6.1 高温作业的基本类型

高温作业按其气象条件的特点可分为高温强辐射作业、高温高湿作业和夏季露天作业三个基本类型。

6.1.1 高温强辐射作业（干热作业）

高温强辐射作业场所具有各种不同的热源，如：冶炼炉、加热炉、窑炉、锅炉、被加热的物体（铁水、钢水、钢锭）等，能通过传导、对流、辐射散热，使周围物体和空气温度升高；周围物体被加热后，又可成为二次热辐射源，且由于热辐射面扩大，使气温更高。

在这类作业环境中，同时存在着两种不同性质的热，即对流热（被加热了的空气）和辐射热（热源及二次热源）。对流热只作用于人的体表，但通过血液循环使全身加热。辐射热除作用于人的体表外，还作用于深部组织，因而加热作用更快更强。这类作业的气象特点是气温高、热辐射强度大，而相对湿度较低，形成干热环境。

人在此环境下劳动时会大量出汗，如通风不良，则汗液难以蒸发，就可能因蒸发散热困难而发生蓄热和过热。

6.1.2 高温高湿作业（湿热作业）

高温高湿作业特点是气温、湿度均高，而辐射强度不大。高湿度的形成，主要是由于生产过程中产生大量水蒸气或生产工艺上要求车间内保持较高的相对湿度所致。

高温高湿作业场所涉及印染、缫丝、造纸等工业中液体加热或蒸煮时，车间气温可达35℃以上，相对湿度常高达90%以上；潮湿的深矿井内气温可达30℃以上，相对湿度可达95%以上，如通风不良就形成高温、高湿和低气流的不良气象条件，即湿热环境。

人在此环境下劳动，即使气温不高，但由于蒸发散热困难，虽大量出汗也不能发挥有效的散热作用，易导致体内热蓄积或水、电解质平衡失调，从而发生中暑。

6.1.3 夏季露天作业

夏季露天作业时同时受太阳辐射、地表和周围物体二次辐射源的附加热作用。露天作业中的热辐射强度虽较高温车间为低，但其持续时间较长，且头颅常受到阳光直接照射，尤其是中午前后气温升高，此时如果劳动强度过大，则人体极易因过度蓄热而中暑。

农业、建筑、搬运等劳动的高温和热辐射主要来源是太阳辐射。此外，夏天在田间作业时，因高大密植的农作物遮挡气流，常因无风而感到闷热不适，如不采取防暑措施，也易发生中暑。

■ 6.2 高温作业的危害

高温对人体健康的影响如下：

（1）人体的热平衡。人体保持着恒定的体温，对于维持正常的代谢和生理功能都十分重要。但在高温、强辐射和高气湿环境中作业时，劳动者自身的散热只能靠蒸发来完成甚至受到阻碍，严重影响身体的热平衡。

（2）水盐代谢。高温作业时，排汗显著增加，可导致机体损失水分、氧化钠、钾、钙、镁、维生素等，如未能及时得到补充，可导致机体严重脱水、循环衰竭、热痉挛等，可能出现无力、口渴、尿少、脉搏增快、体温升高、水盐平衡失调等症状，使工作效率降低。

（3）消化系统。在高温条件下劳动易引起消化道贫血，可能出现消化液分泌减少，使胃肠消化机能减退，可引起食欲减退、消化不良以及其他胃肠疾病。

（4）循环系统。在高温条件下，由于大量出汗，血液浓缩，同时高温使血管扩张，末梢血液循环的增加，加上劳动的需要，肌肉的血流量也增加，这些因素都可使心跳过速，而每搏心输出量减少，加重心脏负担，血压也有所改变。

（5）神经系统。在高温和热辐射作用下，大脑皮层调节中枢的兴奋性增加，导致肌肉工作能力、动作的准确性、协调性、反应速度及注意力均降低，易发生工伤事故。

（6）其他。此外，高温会加重肾脏负担，并降低机体对化学物质毒性作用的耐受度，使毒物对机体的毒作用更明显。高温还会使机体的免疫力降低，抗体形成受到抑制，抗病能力下降。

■ 6.3 高温作业的测量

6.3.1 测量仪器

WBGT 指数测定仪，WBGT 指数测量范围为 21～49℃，可用于直接测量。辅助设备为三脚架、线缆、校正模块。干球温度计（测量范围为 10～60℃）、自然湿球温度计（测量范围为 5～40℃）、黑球温度计（直径为 150mm 或 50mm 的黑球，测量范围为 20～120℃）分别测量三种温度，通过下列公式计算得到 WBGT 指数：

室外：$WBGT = $ 湿球温度（℃）$\times 0.7 + $ 黑球温度（℃）$\times 0.2 + $ 干球温度（℃）$\times 0.1$

室内：$WBGT = $ 湿球温度（℃）$\times 0.7 + $ 黑球温度（℃）$\times 0.3$

WBGT（Wet Bulb Globe Temperature index）指数亦称为湿球黑球温度，是综合评价人体接触作业环境热负荷的一个基本参数，单位为℃。WBGT 是由自然湿球温度（T_{nw}）和黑球温度（T_g），露天情况下加测空气干球温度（T_a）三个部分温度构成的，

$WBGT$ 综合考虑空气温度、风速、空气湿度和辐射热四个因素。

此法可方便地应用在工业环境中，以评价环境的热强度。用来评价在整个工作周期中人体所受的热强度，而不适宜于评价短时间内或热舒适区附近的热强度。

6.3.2 测量方法

（1）现场调查。了解每年或工期内最热月份工作环境温度变化幅度和规律，工作场所的面积、空间、作业和休息区域划分以及隔热设施、热源分布、作业方式等一般情况，绘制简图。工作流程包括生产工艺、加热温度和时间、生产方式、工作人员的数量、工作路线、在工作地点停留时间、频度及持续时间等。

（2）测量。测量前应按照仪器使用说明书进行校正。确定湿球温度计的储水槽注入蒸馏水，确保棉芯干净并且充分浸湿，注意不能添加自来水。在开机的过程中，如果显示的电池电压低，则应更换电池或者给电池充电。测定前或者加水后，需要 10min 的稳定时间。

（3）测点选择。测点数量：工作场所无生产性热源，选择 3 个测点，取平均值；存在生产性热源的工作场所，选择 3～5 个测点，取平均值。工作场所被隔离为不同热环境或通风环境，每个区域内设置 2 个测点，取平均值。测点位置：测点应包括温度最高和通风最差的工作地点。劳动者工作是流动的，在流动范围内，相对固定工作地点分别进行测量，计算时间加权 $WBGT$ 指数。测量高度：立姿作业为 1.5m；坐姿作业为 1.1m。作业人员实际受热不均匀时，应分别测量头部、腹部和踝部，立姿作业为 1.7m、1.1m、0.1m；坐姿作业为 1.1m、0.6m 和 0.1m。

$WBGT$ 指数的平均值按下列公式计算：

$$WBGT＝（WBGT 头＋2WBGT 腹＋WBGT 踝）/4$$

式中：$WBGT$ 为 $WBGT$ 指数平均值；$WBGT$ 头为测得头部的 $WBGT$ 指数；$WBGT$ 腹为测得腹部的 $WBGT$ 指数；$WBGT$ 踝为测得踝部的 $WBGT$ 指数。

（4）测量时间。常年从事高温作业，在夏季最热月测量；不定期接触高温作业，在工期内最热月测量；从事室外作业，在最热月晴天有太阳辐射时测量。作业环境热源稳定时，每天测 3 次，工作班开始后及结束前 0.5h 分别测 1 次，工中测 1 次，取平均值。如在规定时间内停产，测量时间可提前或推后。作业环境热源不稳定，生产工艺周期变化较大时，分别测量并计算时间加权平均 $WBGT$ 指数。测量持续时间取决于测量仪器的反应时间。

（5）测量条件。测量应在正常生产情况下进行。测量期间避免受到人为气流影响。$WBGT$ 指数测定仪应固定在三脚架上，同时避免物体阻挡辐射热或者人为气流，测量时不要站立在靠近设备的地方。环境温度超过 60℃，可使用遥测方式，将主机与温度传感器分离。

时间加权平均 $WBGT$ 指数计算。在热强度变化较大的工作场所，应计算时间加权平均 $WBGT$ 指数。

（6）测量记录。测量记录应该包括以下内容：测量日期、测量时间、气象条件（温度、相对湿度）、测量地点（单位、厂矿名称、车间和具体测量位置）、被测仪器设备型号和参数、测量仪器型号、测量数据、测量人员等。

（7）注意事项。在进行现场测量时，测量人员应注意个体防护。

工作场所高温检测记录表　　　　　　　　　　　　表 6-1

项目编号：　　　　　　　　　　　　　　　　　　　　　　　　　　　　第　页　共　页

被测单位			环境情况	□室内　□室外		温度(℃)		批准人	
监测类型	□评价　□日常 □监督　□事故		检测依据	GBZ/T 189.7-2007		湿度 (%RH)		验收人	
测量仪器			测量时间			数据单位	℃	验收日期	

编号	检测地点	检测对象	设备型号和参数	部位	体力劳动强度	测量数据				接触时间(h)	备注
						湿球	黑球	干球	WBGT		

检测人：　　　　　校核人：　　　　　企业陪同人签字：　　　　　年　月　日

■ 6.4　高温作业防护措施

在高温作业场所中，由于高温的影响，会对作业人员的生产操作、身体健康以及设备材料及物质的使用和储存等方面产生不良影响，还可能诱发火灾、爆炸等事故，因此，应加强安全防护。

6.4.1　技术措施

改善工作条件，配备防护设施、设备，主要是合理设计工艺过程，改进生产设备和操作方法。

（1）采取隔热措施：用隔热材料（耐火、保温材料、水等）将各种热的炉体包起来，降低热源的表面温度。减少向车间散热和辐射热。

1）水隔热：常用的方法有水箱或循环水炉门，瀑布水幕等；

2）使用隔热材料：常用的材料有石棉、炉渣、草灰、泡沫砖等。在缺乏水源的工厂及中小型企业，以采取此方法为最佳。

（2）通风降温措施

1）采用自然通风：利用通风天窗的自然通风对高温车间的散热，如天窗、开敞式厂房，还可以在屋顶上装风帽。有组织的自然通风系统所形成的大量风量带走了大量热量，在效果上、经济上是机械通风无法比拟的，已列入高温车间设计规范。

2）机械式通风：高温车间一般很好选择全面送入式或全面排出式的机械通风。多是利用局部机械通风，风扇便是一种简单的局部通风设备，但气温在 35～40℃ 以上的人业场所，普通风扇已无降温作用。喷雾风扇便是一种可选择的办法。但在那些高温和强辐射的特殊作业场所，如天车驾驶室、热轧机操作室、推焦车操作室等作业岗位，可选择有空调的局部送风设备。

（3）安装空调设备

6.4.2　保健措施

（1）加强个人防护。个人防护用品应采用结实、耐热，透气性好的织物制作工作服，并根据不同作业的需求，供给工作帽、防护眼镜、面罩等。如高炉作业工种，须佩带隔热面罩和穿着隔热，通风性能良好的防热服。

（2）从预防的角度，要做好高温作业人员的就业前和入暑前体检，凡有心血管疾病、中枢神经系统疾病、消化系统疾病等高温禁忌症者，一般不宜从事高温作业，应给予适当的防治处理。

（3）供给防暑降温清凉饮料、降温品和补充营养：要选用盐汽水、绿豆汤、豆浆、酸梅汤等作为高温饮料，饮水方式以少量多次为宜。可准备毛巾、风油精、藿香正气水以及仁丹等防暑降温用品。此外，要制订合理的膳食制度，膳食中要补充蛋白质和热量。

6.4.3 管理措施

加强领导，企业领导要对高温危害高度重视，按照国家卫生标准落实企业高温防护工作，做到有布置、有检查、有指导。

加强宣传教育，教育职工遵守高温作业安全规程，宣传防暑降温知识。

制定合理的劳动休息制度。高温下作业应尽量缩短工作时间，合理安排工作时间，避开最高气温，增加休息和减轻劳动强度，减少高温时段作业。可采用小换班，增加工作休息次数，轮换作业，延长午休时间等方法。适当提早上午工作时间和推迟下午工作时间，尽量避开高温时段进行室外高温作业等。对家远的工人，可安排在厂区临时宿舍休息等。

■ 6.5　高温中暑的急救措施

6.5.1　高温中暑分类及症状

不管是哪种类型的高温，都会对人体产生热作用，影响机体的热平衡。当工作环境气温很高、热辐射很强或湿度很大时，超过人体体温调节机能的适应限度，人体就会出现不同程度的中暑症状。中暑是高温环境下，由于热平衡或水盐代谢紊乱等引起的一种以中枢神经系统或心血管系统障碍为主要表现的急性热致疾病。按照其症状可分为中暑先兆、轻症中暑和重症中暑。

中暑先兆：在高温作业场所劳动一定时间后，出现头昏、头疼、口渴、多汗、全身疲乏、心悸、注意力不集中、动作不协调等症状，体温正常或略有升高。

轻症中暑：轻症中暑除中暑先兆的症状加重外，出现面色潮红、大量出汗、脉搏快速等表现，体温升高至 38.5℃以上。

重症中暑：除上述症状外，出现昏倒痉挛、皮肤干燥无汗、体温 40℃以上等症状。

另外长期从事高温作业，可导致慢性热致病，表现为头痛、胃痛、眩晕、恶心等不适。长期在高温环境下作业还有可能引起高血压、性欲减退、心肌损害等。

6.5.2　高温中暑急救措施

依据发病机理和临床症状进行对症治疗，体温升高者应迅速降低体温。

（1）尽快将中暑者转移到阴凉、通风处。

（2）脱去或松开衣服，使患者平卧休息。

（3）体温升高者，予以物理降温，冷水或酒精擦浴，按摩四肢、躯干，直至皮肤发红，促使血液循环将体内热量带到体表散出，必要时可在额头、腋窝、腹股沟处放置冰袋，尽快使病人体温下降并至清醒。

（4）神志清醒者，可服用清凉饮料、糖盐水及人丹、十滴水或藿香正气水等清热解暑药。

（5）昏迷不醒者，可针刺或掐病人的人中穴（位于鼻唇之间中上 1/3 交界处）和内关穴（位于手腕内侧上方约 5cm 处）以及合谷穴（即虎口）等。

■ 6.6 高温作业分级

6.6.1 分级原则与基本要求

（1）应对高温作业的健康危害、环境热强度、接触高温时间、劳动强度和工作服装阻热性能等全面评价基础上进行分级。

（2）分级前，通过现场巡查，识别工作场所高温的产生过程、分布范围和采取的控制和防护措施，收集既往热损伤发生和事故资料，确定需要进行分级的作业。作业分级应与日常监测相结合。

（3）对作业分级结果和预防控制措施的效果要定期进行评估，评估结果提示可能与原分级结果不一致的或因生产工艺、原材料、设备等发生改变时应重新进行分级，并提出新的预防控制措施和建议。

（4）分级结果以分级报告书形式表示，报告书内容包括分级依据、分级结果、预防控制措施和建议、效果评价的方法和应告知的对象。

（5）分级报告书应告知用人单位负责人、管理者和相关劳动者。分级资料应归档保存。

6.6.2 分级依据及方法

高温作业分级的依据包括劳动强度、接触高温作业时间、WBGT 指数和服装的阻热性。

（1）高温作业分级时，需确定体力劳动强度分级，体力劳动强度分级按《工作场所物理因素测量 第 10 部分：体力劳动强度分级》GBZ/T 189.10—2007 执行。

（2）高温作业分级时，需确定接触高温作业时间，接触高温作业时间以每个工作日累计接触高温作业时间计，单位为分钟（min）。

（3）高温作业分级时，需确定作业环境热强度，即 WBGT 指数。WBGT 指数的测定按《工作场所物理因素测量 第 10 部分：体力劳动强度分级》GBZ/T 189.10—2007 执行。

（4）高温作业分级时，需确定劳动者穿着服装的阻热性。长袖衬衫和长裤工作服及纺织材料连裤工作服的绝热系数为 0.6 Clo。

（5）根据以上测定评价结果，对照表 6-2 内容进行分级。

6.6.3 分级

高温作业按危害程度分为 4 级，即轻度危害作业（Ⅰ级）、中度危害作业（Ⅱ级）、重度危害作业（Ⅲ级）和极重度危害作业（Ⅳ级）（表 6-2）。

高温作业分级　　　　　　　　　　　　　　　表 6-2

劳动强度	接触高温作业时间（min）	WBGT 指数（℃）						
		29～30（28～29）	31～32（30～31）	33～34（32～33）	35～36（34～35）	37～38（36～37）	39～40（38～39）	41～（40～）
Ⅰ（轻劳动）	60～120	Ⅰ	Ⅰ	Ⅱ	Ⅱ	Ⅲ	Ⅲ	Ⅳ
	121～240	Ⅰ	Ⅱ	Ⅱ	Ⅲ	Ⅲ	Ⅳ	Ⅳ
	241～360	Ⅱ	Ⅱ	Ⅲ	Ⅲ	Ⅳ	Ⅳ	Ⅳ
	361～	Ⅱ	Ⅲ	Ⅲ	Ⅳ	Ⅳ	Ⅳ	Ⅳ

劳动强度	接触高温作业时间(min)	WBGT 指数(℃)						
		29~30 (28~29)	31~32 (30~31)	33~34 (32~33)	35~36 (34~35)	37~38 (36~37)	39~40 (38~39)	41~ (40~)
II（中劳动）	60~120	I	II	II	III	III	IV	IV
	121~240	II	II	III	III	IV	IV	IV
	241~360	II	III	III	IV	IV	IV	IV
	361~	III	III	IV	IV	IV	IV	IV
III（重劳动）	60~120	II	II	II	III	III	IV	IV
	121~240	II	III	III	IV	IV	IV	IV
	241~360	III	III	IV	IV	IV	IV	IV
	361~	III	IV	IV	IV	IV	IV	IV
IV（极重劳动）	60~120	II	II	III	IV	IV	IV	IV
	121~240	III	III	IV	IV	IV	IV	IV
	241~360	III	IV	IV	IV	IV	IV	IV
	361~	IV	IV	IV	IV	IV	IV	IV

注：括号内 WBGT 指数值适用于未产生热适应和热习服的劳动者。

6.6.4 分级管理原则

根据不同等级的高温作业进行不同的卫生学监督和管理。分级越高，发生热相关疾病的危险度越高。

（1）轻度危害作业（Ⅰ级）：在目前的劳动条件下，可能对劳动者的健康产生不良影响。应改善工作环境，对劳动者进行职业卫生培训，采取职业健康监护和防暑降温防护措施，保持劳动者的热平衡。

（2）中度危害作业（Ⅱ级）：在目前的劳动条件下，可能引起劳动者的健康危害。在采取上述措施的同时，强化职业健康监护和防暑降温等防护措施，调整高温作业劳动休息制度，降低劳动者热应激反应及接触热环境的单位时间比率。

（3）重度危害作业（Ⅲ级）：在目前的劳动条件下，很可能引起劳动者的健康危害，产生热损伤。在采取上述措施的同时，强调进行热应激监测，通过调整高温作业劳动休息制度，进一步降低劳动者接触热环境的单位时间比率。

（4）极重度危害作业（Ⅳ级）：在目前的劳动条件下，极有可能引起劳动者的健康危害，产生严重的热损伤。在采取上述措施的同时，严格进行热应激监测和热损伤防护措施，通过调整高温作业劳动休息制度，严格限制劳动者接触热环境的时间比率。

思 考 题

1. 高温作业的概念及类型。

2. 高温作业对机体的影响。

3. 中暑的概念、类型、机制及临床特点。

4. 中暑的防治原则。

第7章 噪声检测

噪声问题自古存在，两千年以前就有记载，《说文》中，噪，扰也；《玉篇》中，群呼烦扰也。当时仅指因人声喧哗而成为烦扰人的噪声。近代的噪声污染则是大规模工业化的后果，随着各种机械设备、交通工具的急剧增加，噪声污染问题也越来越严重，已经成为世界四大污染之一，危害人类的生活和健康。

人类处在声音的包围之中，有些声音对人类有用，但有些声音不仅对人类无用，而且影响身体健康和正常工作，是人们不需要的。

环境噪声是指在生产、建筑施工、交通运输和社会生活中所产生的影响周围生活环境的声音。初期人们认为，长期暴露于噪声环境中，可能导致操作人耳聋。随着现代科学技术和工业的发展，人们已经对噪声的危害有了更深的理解，噪声不仅引起人体的生理改变及听力损害，而且会导致操作人员心理及工作效率低下等不良影响。因此，开展工业噪声危害、检测及其控制对策的研究，对保证劳动者职业安全、提高工作效率都是十分重要的课题。

■ 7.1 噪声污染及其危害

7.1.1 噪声及其污染

1. 噪声

在不同的学科领域，噪声的定义也是不同的。从环境声学宏观角度，噪声是指凡是不需要的、使人厌烦并对人类的生产和生活有妨碍的声音。

2. 噪声污染的主要特点

（1）噪声污染是感觉公害。

对噪声的判断与个人所处的环境和主观愿望有关。例如，优美的音乐对正在欣赏音乐的人来说，是愉快的享受，但对正在学习思考或休息的人来说，却会成为噪声。因此，噪声评价要结合受害人的生理及心理因素，噪声标准也要依据不同的时间、地点和人的行为状态等分别制定。

（2）噪声污染是局部的和多发的。

噪声污染源发出的噪声向四周辐射时，会随距离的增加而迅速衰减、消失。无论多强的噪声都只能波及局部的范围，而不像大气污染和水污染那样可能大范围地扩散。

（3）噪声污染具有能量性和暂时性。

噪声污染是能量的污染，它不具备物质的累积性。噪声是由发声物体的振动向外界辐射的一种声能。若声源停止振动发声，声能就失去补充，噪声污染随之终止，危害即消除。不会像别的污染物那样在环境中积累起来，对环境形成持久的危害。也就是说，噪声污染在环境中不持久、不积累，噪声污染一边产生，一边消失，是暂时的污染。

（4）噪声污染具有波动性和难避性。

声能是以波动的形式传播的，因此噪声特别是低频噪声具有很强的绕射能力，可以说是"无孔不入"。突发的噪声是难以逃避的。不会像眼睛那样通过闭合来防止光污染，也不会像鼻子那样遇到异味能屏气，即使在睡眠中，人耳也会受到噪声的污染。

3. 噪声的分类

噪声因其产生的条件不同而分为很多种类。

按照噪声来源，可分为自然界噪声和人为噪声。自然界噪声：如火山爆发、地震、潮汐和刮风等自然现象所产生的空气声、地声、水声和风声等。人为噪声：如交通运输、工业生产、建筑施工、社会活动等产生的噪声。

按噪声源的物理特征性可将噪声分为机械振动性噪声和气体动力噪声。机械振动性噪声是由机械运转中部件摩擦、撞击及因机械动力磁力不平衡产生振动而辐射的噪声，如机床、电动机运转的噪声；气体动力噪声是由物体高速运动、气流喷射以及化学爆炸等引起周围压力突变而产生的噪声，如超音速喷气飞机的轰鸣声、内燃机的排气声均属此类。

按噪声时间变化的属性又可将噪声分为稳态噪声、非稳态噪声、起伏噪声、间歇噪声以及脉冲噪声等类型。稳态噪声是指在观察时间内幅值和频带变化都很小的可听噪声，如电动机、排气扇所产生的噪声。反之，幅值和频带变化大的噪声即为非稳态噪声；在观察过程中声级连续在一个相当大的范围内变化的可听噪声称为起伏噪声，如交通噪声；声级保持在背景之上的时间超过1秒，并多次下降到背景噪声的可听噪声称为间歇噪声；脉冲噪声是指一个或多个持续时间小于1秒的猝发生组成的可听噪声。

7.1.2 噪声的危害

噪声污染是一种物理污染，噪声广泛地影响着人们的各种活动，如影响睡眠和休息，妨碍交谈，干扰工作，使听力受到损害，甚至引起神经系统、心血管系统、消化系统等方面的疾病。噪声是影响面最广的一种环境污染。噪声的危害主要表现为：

1. 损伤听力

一般来说，85dB以下的噪声不至于损伤听力，而超过85dB的噪声则可能给人造成暂时性或永久性的听力损伤。表7-1列出了在不同声级下长期工作时，耳聋发病率调查统计资料。表中可看出，当噪声级超过90dB之后，耳聋的发病率明显增加。然而，即使是高于90dB的噪声，也只能给人造成暂时性的听力损害，一般休息一段时间可逐渐恢复，因此，噪声的危害关键在于它的长期作用。

工作40年噪声性耳聋发病率（％）　　　　　　　　　　　　　　表7-1

噪声级(dB(A))	国际统计	美国统计
80	0	0
85	10	8
90	21	18
95	29	28
100	41	40

噪声引起的听力机构的损伤，主要是内耳的接收器官即柯蒂氏器官受到损害而产生的。柯蒂氏器官由感觉细胞和支持结构组成，过量的噪声暴露可造成感觉细胞和整个柯蒂氏器官的破坏。靠近耳蜗的顶端对应于低频感觉，这一区域感觉细胞必须达到很广泛的损

失，才能反映出听域的改变。耳蜗底部对应于高频感觉，而这一区域感觉细胞只要有很少的损失，就可能反映出听域的改变。

当这个区域的感觉细胞损失 15%～20%，听觉灵敏度就可能下降 40dB。很强的噪声，能造成听觉器官机械性损伤，即鼓膜穿孔，听小骨折断，甚至柯蒂氏器官被撕裂，一般称为听觉外伤。较低噪声级的长期作用，同样也能造成感觉细胞道和支持结构的退化，这样的损伤叫做噪声性耳蜗损伤。噪声性耳蜗损伤的机理主要是由于过量的噪声暴露迫使听觉细胞在过高的新陈代谢速率下工作，而导致细胞的死亡，而这些听觉细胞（包括听觉神经细胞）都是高度专业化的，一旦遭到破坏，不能再生，听力就无法恢复。

2. 干扰睡眠

睡眠对人是极其重要的，它能够使人的新陈代谢得到调节，使人的大脑得到休息，从而消除体力和脑力疲劳。所以保证睡眠是关系到人体健康的重要因素，当睡眠受到噪声干扰后，工作效率和健康都会受到影响。在较强噪声存在的情况下，睡眠的数量和质量都会受到影响。而且，如果长期处于强噪声环境中，会引起失眠、多梦、疲乏、注意力不集中和记忆力衰退等一系列神经衰弱症状。

3. 影响人体生理

大量心脏病的发展和恶化与噪声有密切的联系。实验结果表明，噪声会引起人体紧张的反应，使肾上腺素增加，引起心率改变和血压升高。在高噪声条件下工作的钢铁工人和机械车间工人比安静条件下工人的循环系统的发病率要高，患高血压的病人也多。

噪声会引起消化系统方面的疾病。早在 20 世纪 30 年代，就有人注意到长期暴露在噪声环境下的工人，其消化功能有明显的改变。研究表明，在一些吵闹的行业里，溃疡症的发病率比安静环境的高 5 倍。

噪声会引起人的紧张反应，刺激肾上腺素的分泌，从而引起心律失调和血压升高，甚至会增加心脏病的发病率。噪声还会使人的唾液，胃液分泌减少，胃酸降低，从而诱发胃溃疡和十二指肠溃疡。

在神经系统方面，神经衰弱症候群是最明显的。噪声能引起失眠、疲劳、头晕、头痛和记忆力衰退。

4. 影响人体心理

噪声引起的心理影响主要是使人激动、易怒，甚至失去理智。因住宿噪声干扰发生民间纠纷的事件时常发生。噪声也容易使人疲劳，因此往往会影响精力集中和工作效率，尤其是对做非重复性动作的劳动者，影响更为明显。

5. 影响儿童和胎儿发育

在噪声环境下，儿童的智力发育比较慢。某些调查资料指出。吵闹环境下儿童的智力发育水平比安静环境中低 20%。

噪声会使母体产生紧张反应，引起子宫血管收缩，以致影响胎儿所必需的养料和氧气的正常供给，从而使胎儿的正常发育受到影响，甚至使产生畸胎的可能性增大。

■ 7.2　声音的物理特性和量度

噪声与乐声相比. 具有许多相同的声学特征。为了对噪声进行控制和治理，必须对噪声的声学特征、频谱特性进行分析。

7.2.1 声音的发生、频率、波长和声速

声音可认为是通过物理介质传播的搅动。当物体在空气中振动，使周围空气发生疏、密交替变化并向外传递，且这种振动频率在 20～20000Hz 之间，人耳听到的声音是叠加在听者周围大气压力上的一种压力波。因此，声音是周围大气压力的附加变化量。频率低于 20Hz 的为次声，高于 20000Hz 的为超声，作用到人的听觉器官时不引起声音的感觉，所以不能听到，人类感觉最灵敏的频率约在 3000Hz 左右。

声是一种纵波，可以用频率、波长、声速、周期等反映波特征的参数来描述。声源在 1s 内振动的次数称为频率，记作 f，单位 Hz。振动一次所经过的时间称为周期，记作 T，单位 s，频率和周期互为倒数，即 $T=1/f$。

声波在一个周期内沿传播方向所传播的距离，或在波形上相位相同的相邻两点间的距离称为波长，记为 λ，单位 m。

一秒时间内声波传播的距离称为声速，记作 c，单位 m/s。频率、波长和声速三者的关系为：

$$c=f\lambda \tag{7-1}$$

声速与传播声音的媒介和温度有关。在空气中，声速（c）和摄氏温度（t）的关系可简写为：

$$c=331.4+0.607t \tag{7-2}$$

与绝对温度 T 的关系为：

$$c=20.05\sqrt{T} \tag{7-3}$$

常温下，声速约为 345m/s。声速在硬质材料中的传播速度远大于在软质材料中，常见材料在室温下（21.0℃）的传播速度（m/s）分别为：空气 344、水 1372、混凝土 3048、玻璃 3658、钢铁 5182、软木 3353、硬木 4267。

7.2.2 声功率、声强和声压

声功率（W）是指单位时间内，声波通过垂直于传播方向某指定面积的声能量。在噪声检测中，声功率是指声源的总功率，单位为 W。

声波传播到原先静止的介质中，一方面使介质质点在平衡位置附近做来回地振动，获得扰动动能，同时，在介质中产生了压缩和膨胀的疏密过程，使介质具有形变的热能，两部分能量之和就是由于声扰动使介质得到的声能能量，以声的波动形式传递出去。可见，声波的传播过程实际上伴随着声能能量的转移，或者说声波的传播过程就是声能能量的传播过程。

一个声源发出的声功率和声源所发出的总功率是两个不同的概念。声功率只是声源总功率中以声波形式辐射出来的很小部分。

声强（I）是指单位时间内，声波通过垂直于声波传播方向单位面积的声能量，$I=\dfrac{W}{S}$，单位为 w/m²。

如果声源均匀地向四周辐射声能叫做球面辐射，若围绕声源半径为 r 的球面上的声强为 I，则声功率 W 与半径为 r 的球面上的声强 I 有如下关系：

$$I=\frac{W}{4\pi r^2}$$

可见，当声源的声功率一定时，球面辐射的声强 I 与离开声源的距离的平方成反比。

声压（P）是由于声波的存在而引起的压力增值，单位为 Pa。声波是空气分子有指向、有节律的运动，其在空气传播时形成压缩和稀疏交替变化，所以压力增值是正负交替的。但通常讲的是声压是取均方根值，称有效声压，故实际上总是正值，对于球面波和平面波，声压与声强的关系是

$$I = \frac{p^2}{\rho c} \tag{7-4}$$

式中：ρ 为空气密度，以标准大气压为 20℃时，把空气密度和声速代入，得到 $\rho c = 408$ 国际单位值，也称瑞利。

7.2.3　分贝、声功率级、声强级和声压级

1. 分贝

若以声压值表示声音的大小，由于变化范围非常大，可以达六个数量级以上。用分贝表示就是不用线性比例关系，而用对数比例关系，从而避免了大数字的计算。另外，人体听觉对声信号强弱刺激反应也不是线性的，而是成对数比例关系。所以采用分贝来表达声学量值。

分贝是被量度量的物理量（A_1）与一个相同的参考物理量（或基准，A_0）的比值，取以 10 为底的对数并乘以 10（或 20）。对数值是无量纲的，因此分贝表示的量是与选定的参考量有关的数量级，代表被量度量比基准量高出多少"级"，数学表达式为：

$$N = 10 \cdot \lg \frac{A_1}{A_0} \tag{7-5}$$

分贝符号为"dB"。

2. 声功率级

声功率级是描述一个给定声源发射的功率对应于国际参考声功率 $10^{-12}W$ 的分贝值。

$$L_W = 10 \cdot \lg \frac{W}{W_0} \tag{7-6}$$

式中：L_W 为声功率级（dB）；W 为声功率（W）；W_0 为基准声功率，为 $10^{-12}W$。

【例 7-1】 某一小汽笛发出 0.1W 的声功率，其声功率级为

$$L_W = 10 \cdot \lg \frac{W}{W_0} = 10 \cdot \lg \frac{0.1}{10^{-12}} = 110dB$$

由此可见，在人耳的灵敏范围内，即使像 0.1W 这样小的声功率也是一个很大的声源。

3. 声强级

声强级的定义为

$$L_1 = 10 \cdot \lg \frac{I}{I_0} \tag{7-7}$$

式中：L_1 为声强级（dB）；I 为声强（w/m²）；I_0 为基准声强，为 $10^{-12}W/m^2$。

4. 声压级

声压级的定义为

$$L_p = 10 \cdot \lg \frac{p^2}{p_0^2} = 20 \cdot \lg \frac{p}{p_0} \tag{7-8}$$

式中：L_p 为声压级（dB）；P 为被量度声音的声压（Pa）；P_0 为基准声压，等于 $2\times10^{-5}\,\mathrm{Pa}$，该值是一般青年人，人耳对 $1000\,\mathrm{Hz}$ 声压刚能听到的最低声压。

声压级与声压平方比值的对数成正比，这是有意义的，因声压平方与声功率成正比，这样声功率级与声压级都与声功率联系起来了。

【例 7-2】 某声音的声压为 2.5Pa（均方根值），试计算其声压级。

解： $L_p=10\cdot\lg\dfrac{p^2}{p_0^2}=20\cdot\lg\dfrac{p}{p_0}=20\cdot\lg\dfrac{2.5}{2\times10^{-5}}=20\times(1.096+4)=101.9\mathrm{dB}$

7.2.4 噪声的叠加和相减

工业噪声问题的求解，通常需要利用分贝的加法和减法来计算声压和声功率。

1. 噪声的叠加

在工作位置仅受单一噪声源影响的情况比较少，起码本底或环境噪声总是存在的。两个以上独立声源作用于某一点，就产生噪声的叠加。

声能量是可以代数相加的，设两个声源的声功率分别是 W_1 和 W_2，那么总声功率 $W_\text{总}=W_1+W_2$。而两个声源在某点的声强为 I_1 和 I_2 时，叠加后的总声强 $I_\text{总}=I_1+I_2$。但声压不能直接相加。总声压的平方等于两个声源在某点各自的平方和，即

$$P_\text{总}^2=P_1^2+P_2^2 \tag{7-9}$$

又因 $(P_1/P_2)^2=10^{L_{p1}/10}(P_2/P_0)^2=10^{L_{p2}/10}$

总声压级：$L_p=10\cdot\lg\dfrac{P_\text{总}^2}{p_0^2}=10\cdot\lg\dfrac{p_1^2+p_2^2}{p_0^2}$

$$=10\cdot\lg(10^{L_{p1}/10}+10^{L_{p2}/10}) \tag{7-10}$$

若，$L_{p_1}=L_{p_2}$。即两个声源声压级相等，则总声压级：

$$L_p=L_{p_1}+10\cdot\lg2\approx L_{p_1}+3\mathrm{dB} \tag{7-11}$$

也就是说，作用于某一点的两个声源声压级相等，其合成的总声压级比一个声源的声压级增加 3dB。当声压级不相等，或是有多个噪声源时，按下式计算：

$$L_p=10\cdot\lg\left[\sum_{i=1}^{n}\left(\dfrac{P_\text{总}}{P_0}\right)^2\right]$$

$$=10\cdot\lg\left[\sum_{i=1}^{n}10\dfrac{L_{pi}}{10}\right] \tag{7-12}$$

也可以利用图 7-1 查曲线值计算。方法是：设 $L_{p_1}>L_{p_2}$，以 $L_{p_1}-L_{p_2}$ 值按图查得 ΔL_p，则总声压级 $L_{p_\text{总}}=L_{p_1}+\Delta L_p$。

由图 7-1 可知，两个噪声相加，总声压级不会比其中较大声压级大 3dB 以上，并且两个声压级相差 10dB 以上时，叠加增量可以忽略不计。

【例 7-3】 两个声源作用于某一点的声压级分别为 $L_{p_1}=96\mathrm{dB}$，$L_{p_2}=93\mathrm{dB}$，求总声压级。

由于 $L_{p_1}-L_{p_2}=3\mathrm{dB}$，查曲线得 $\Delta L_p=1.8\mathrm{dB}$，因此 $L_{p_\text{总}}=96+1.8=97.8\mathrm{dB}$

若用式(7-12) 计算，则

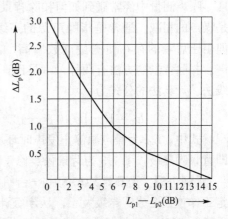

图 7-1 两噪声源的叠加曲线

$$L_{\mathrm{p}}=10 \cdot \lg(10^{\frac{L_{\mathrm{p1}}}{10}}+10^{\frac{L_{\mathrm{p2}}}{10}})$$

$$=10 \cdot \lg(10^{\frac{96}{10}}+10^{\frac{93}{10}})$$

$$=10 \times 9.776=97.76$$

$$\approx 97.8\mathrm{dB}$$

掌握了两个声压的叠加，就可以推广多声源的叠加，只需要两两叠加即可，而与叠加次序无关。

【例7-4】 有八个声压叠加于一点，声压级分别为70dB、70dB、75dB、82dB、90dB、93dB、95dB、100dB，求总声压级。

方法1，按照图7-2的曲线两两叠加求得：

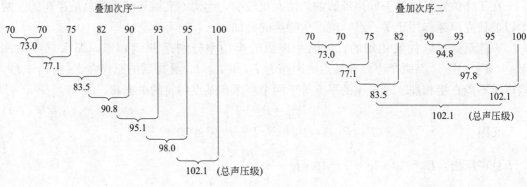

图7-2　声源叠加次序

方法2，由公式计算求得：

$$L_{\mathrm{p}}=10 \cdot \lg(10^{\frac{70}{10}}+10^{\frac{70}{10}}+10^{\frac{75}{10}}+10^{\frac{82}{10}}+10^{\frac{90}{10}}+10^{\frac{93}{10}}+10^{\frac{95}{10}}+10^{\frac{100}{10}})$$

$$=10 \times 10.213 \approx 102.1\mathrm{dB}$$

可以看出，两种方法计算的结果相同。

应该指出，根据波的叠加原理，若是两个相同频率的单频率声源叠加，会产生干扰现象，即需考虑叠加点各自的相位。不过在环境噪声中，几乎不会遇到。

2. 噪声的相减

噪声测量中经常碰到如何扣除背景噪声问题，也就是噪声的相减。通常是指噪声源的声级比背景噪声高，但由于后者的存在使测量读数增高，需要减去背景噪声。扣除背景的方法有两种，一是计算法，一是修正曲线法。计算法的公式为：

$$L_{\mathrm{p}}=10 \cdot \lg(10^{\frac{L_{\mathrm{p1}}}{10}}-10^{\frac{L_{\mathrm{pB}}}{10}}) \tag{7-13}$$

式中，L_{pB}为噪声源停止发声时环境噪声的声压级，即背景噪声级，图7-3为背景噪声修正曲线。

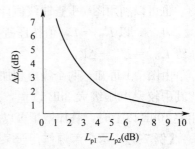

图7-3　背景噪声修正曲线

【例7-5】 为测定某车间中一台机器的噪声在一固定工作位置造成的声级大小，从声级计上测得声级为94dB，当机器停止工作，测得背景噪声为85dB，求该机器在该点引起噪声的实际声压级。

方法 1，$L_{p_1}=94$dB，$L_{p_2}=85$dB，由公式(7-12) 得：

$$L_p=10 \cdot \lg(10^{\frac{94}{10}}-10^{\frac{85}{10}})=10\times9.3415=93.42\text{dB}$$

方法 2，$L_{p_1}=94$dB，$L_{p_B}=85$dB，由题可知 94dB 是指机器和背景噪声之和 (L_{p_1})，而背景噪声 (L_{p_B}) 是 85dB。$L_{p_1}-L_{p_B}=9$dB，从图 7-2 中，可查得相应 $\Delta L_p=0.6$dB，因此该机器的实际噪声声压级 L_p 为：$L_p=L_{p_1}-\Delta L_{p_B}=94-0.6=93.4$dB。

■ 7.3 噪声的物理量和主观听觉的关系

从噪声的定义可知，人类感觉到的噪声强度，不仅与噪声的客观物理量有关，还与人的主观感觉有关，所以研究噪声的物理量与主观听觉的关系十分重要。

人类的听觉是很复杂的，具有多种属性，其中包括区分声音的高低和强弱两种属性。

听觉区分声音的高低，用音调来表示，主要依赖于声音的频率，但也与声压和波形有关。

听觉判别声音的强弱，用响度来表示，主要靠声压，但也和频率及波形有关。

7.3.1 响度和响度级

1. 响度（N）

人耳有很高的灵敏度和极大的响应范围，在此范围内，人耳能正常地起作用，但人耳对不同频率的声波具有不同的响应灵敏度，也就是说，两个声压相等而频率不相等的纯音听起来是不一样响的。同理，人耳感觉一样响的两个不同频率的声波，其声压并不相同。例如：具有正常听力的人能够刚刚听到 0dB 声压级的 2000Hz 纯音，但 200Hz 的纯音只有达到 15dB 声压级才能够刚刚听到。响度是人耳判别声音由轻到响的强度等级概念，不仅取决于声音的强度（如声压级），还与人声音的频率及波形有关。响度的单位"宋"（sone），1 宋的定于为声压级为 40dB，频率为 1000Hz，且来自听者正前方的平面波形的强度，如果另一个声音听起来比这个大 n 倍，即声音的响度为 n 宋。

2. 响度级（L_N）

所研究声音的响度级是由该声音的响度与一个 1000Hz 纯音的响度凭主观感觉比较而定。响度级的计量单位"方"（phon），其定义 1000Hz 纯音声压级的分贝值为响度级的数值，任何其他频率的声音，当调节 1000Hz 纯音的强度，使之与这声音一样响时，则这 1000Hz 纯音的声压级分贝值，就定为这一声音的响度级值。

利用与基准声音比较的方法，可以得到人耳听觉频率范围内，一系列响度相等的声压级与频率的关系曲线，即等响曲线（图 7-4），该曲线为国际标准化组织所采用，所以又称 ISO 等响曲线。

由等响度曲线可以看出：

（1）同一条等响曲线上，不同频率的声音听起来感觉一样响，而声压级是不同的。在同一条等响曲线上，有无数个等效的声压级—频率值，如：125Hz—30dB 的声音和 1kHz—10dB 的声音，在人耳听起来具有相同的响度，响度级是 20。

（2）当响度级比较低时，低频段等响度曲线弯曲较大，也就是不同频率的响度级（方值）与声压级（dB值）相关很大，例如同样 40 方响度级，对 1000Hz 声音来说声压级是 40 dB，对 100Hz 声音是 50dB，对 40Hz 声音是 70dB，对 20Hz 声音是 90dB。

（3）响度级越高，等响度曲线越平坦，也就是声音的响度级主要决定于声压级，与频率的关系不大，即频率的影响小。

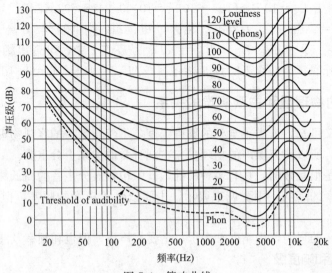

图 7-4　等响曲线

（4）人耳对 2000～5000Hz 的声音比较敏感，特别是对 3000Hz 左右的声音最敏感，在这频率段，几乎每条等响曲线均呈向下凹状，也就是说，频率处于这个区域的声音仅需要较小的声压级就能达到比较敏感的响度效果。而对低于或高于这一频率范围的声音，人耳的灵敏度随频率的降低或升高而下降。在 1kHz 以下的声音，曲线骤然上升，表示人耳听觉灵敏度下降，必须增加较大的声压级，才能与 1kHz 时的声音一样响，也就是说，人们要听到中低频的声音，必须要有更大的声压级和声功率，所以，通常重放音乐时的低频扬声器就一定要做得比较大，而且结构要坚固。

（5）同一响度级，频率越低，所需声压级越高。

（6）同一声压级水平线穿越的等响曲线相对有限。

（7）同一频率垂直线可以穿越的等响曲线比较宽广。

3. 响度与响度级的关系

根据大量实验数据得到，响度与响度级的关系，可用数学式表示：

$$N=2^{\frac{L_N-40}{10}} \tag{7-14}$$

$$\text{或}\quad L_N=40+33\lg N \tag{7-15}$$

由此可见，响度级每改变 10 方，响度加倍或减半。例如，响度级 30 方时响度为 0.5 宋；响度级为 40 方时响度为 1 宋；响度级为 50 方时响度为 2 宋，依次类推。

响度级的合成不能直接相加，而响度级可以相加。

例如，两个不同频率而都具有 60 方的声音，合成后的响度级不是 60＋60＝120（方），而是先将响度级换算称响度进行合成，然后再换算成响度级。本例中 60 方相当于响度 4 宋，所以两个响度合成为 4＋4＝8（宋），而 8 宋按数学计算可知为 70 方，因此两个响度级为 60 方的声音合成后的总响度级为 70 方。

7.3.2　计权声级

从图 7-4 等响度曲线看出，人耳对不同频率的声波灵敏度是不同的。由于实际声源所发射的声音几乎都包含很广的频率范围，所以，纯音的声压级与主观听觉之间的关系，只适用于纯音的情况，而实际噪声的测定就必须综合考虑混合噪声。

为了能用仪器直接反映人的主观响度的评价量，有关人员在噪声测量仪器—声级计中设计了一种特殊滤波器，称计权网络。通过计权网络测得的声压级，已不再是客观物理量的声压级，而称计权声压级或计权声级，简称声级。通用的有 A、B、C 和 D 计权声级（图7-5）。

A 计权声级是模拟人耳对 55dB 以下低强度噪声的频率特性；B 计权声级是模拟 55dB 到 85dB 的中等强度噪声的频率特性；C 计权声级是模拟高强度噪声的频率特性；D 计权声级是对噪声参量的模拟，专用于飞机噪声的测量。

计权网络是一种特殊滤波器，当含有各种频率的声波通过时，可以对不同频率声音进行不停程度的衰减。A、B、C 计权网络的主要差别是在于对低频率成分衰减程度，A 衰减最多，B 其次，C 最少。A、B、C、D 计权的特性曲线如图 7-5 所示，其中 A、

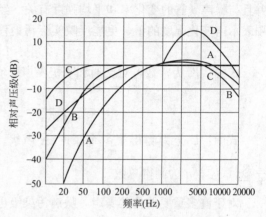

图 7-5　A、B、C、D 计权特性曲线

B、C 三条曲线分别近似于 40 方、70 方和 100 方三条等响曲线的倒转。由于计权曲线的频率特性是以 1000Hz 为参考计算衰减的，因此以上曲线都重合于 1000Hz，后来时间证明，A 计权声级表征人耳主观听觉较好，A 计权声级以 L_{PA} 或 L_A 表示，其单位用 dB（A）表示。

7.3.3　等效连续声级、噪声污染级和昼夜等效声级

1. 等效连续声级

用 A 计权声级评价噪声能够较好地反映人耳对噪声与频率的主观感觉，对一个连续的稳态噪声是一种较好的评价方法，但对一个起伏的或不连续噪声，A 计权声级就显得不太合适。因此，提出了一个用噪声能量按时间平均方法来评价噪声对人的影响的问题，即等效连续声级，符号"L_{eq}"或"$L_{Aeq \cdot T}$"，它是用一个相同时间内，声能与之相等的连续稳定的 A 声级来表示该段时间内的噪声的大小。等效声级反映在声级不稳定的情况下，人实际所接受的噪声能量的大小，是一个用来表示随时间变化的噪声的等效量。

$$L_{Aeq \cdot T} = 10 \cdot \lg \left[\frac{1}{T} \int_0^T 10^{0.1 L_{pA}} \, dt \right] \tag{7-16}$$

式中：L_{PA} 为某时间 t 的瞬时 A 声级（dB）；T 为规定的测量时间（s）。

如果数据符合正态分布，其积累分布在正态概率纸上为一直线，则可用近似公式计算：

$$L_{Aeq \cdot T} \approx L_{50} + d^2/60 \tag{7-17}$$

其中：$d = L_{10} - L_{90}$，L_{10}，L_{50}，L_{90} 为累积百分声级，其定义是：

L_{10}——测量时间内，10% 的时间超过的噪声级，相当于噪声的平均峰值。

L_{50}——测量时间内，50% 的时间超过的噪声级，相当于噪声的平均值。

L_{90}——测量时间内，90％的时间超过的噪声级，相当于噪声的背景值。

累积百分声级 L_{10}、L_{50} 和 L_{90} 的计算方法有两种：其一是在正态概率纸上画出累积分布曲线，然后从图中求得；另一种简便方法是将测定的一组数据（例如 100 个），从大到小排列，第 10 个数据即为 L_{10}，第 50 个数据即为 L_{50}，第 90 个数据即为 L_{90}。

2. 噪声污染级

非稳态噪声的实践表明，涨落的噪声所引起人的烦恼程度比等能量的稳态噪声要大，并且与噪声暴露的变化率和平均强度有关。经实验证明，在等效连续声级的基础上加上一项表示声变化幅度的量，更能反映实际污染程度，噪声污染级（L_{NP}）为

$$L_{NP}=L_{eq}+K\sigma \tag{7-18}$$

式中：K 为常数，对交通和飞机噪声取值 2.56；σ 为测定过程中瞬时声级的标准差。

$$\sigma=\sqrt{\frac{1}{n-1}\sum_{i=1}^{n}(\overline{L}_{PA}-L_{PAi})^2} \tag{7-19}$$

式中：L_{PAi} 为测得第 i 个瞬时 A 声级；$\overline{L}_{PA}$ 为所测声级的算术平均值，即 $\overline{L}_{PA}=\frac{1}{n}\sum_{i=1}^{n}L_{PA}$；$n$ 为测得总数。

对于许多重要的公共噪声，噪声污染级也可写成：

$$L_{NP}=L_{eq}+d$$

或 $$L_{NP}=L_{50}+d^2/60+d \tag{7-20}$$

式中：$d=L_{10}-L_{90}$。

3. 昼夜等效声级

考虑到夜间噪声具有更大的烦扰程度，故提出昼夜等效声级（日夜平均声级），符号"L_{dn}"，它表达环境噪声昼夜的变化情况，表达式为：

$$L_{dn}=10\cdot\lg\left[\frac{16\times10^{0.1L_d}+8\times10^{0.1(L_n+10)}}{24}\right] \tag{7-21}$$

式中：L_d 为白天的等效声级，时间：6：00～22：00，共 16h；L_n 为夜间的等效声级，时间：22：00～6：00，共 8h。

昼间和夜间的时间，可依地区和季节不同而稍有变更。

为了表明夜间噪声对人的烦扰更大，故计算夜间等效声级这一项时，加上 10dB 的计权。

为了表征噪声的物理量和主观听觉的关系，除了上述评价指标外，还有语言干扰级（SIL）、感觉噪声级（PNL）、交通噪声指数（TN_1）和噪声次数指数（NN_1）等。

7.3.4 噪声的频谱分析

一般声源所发出的声音，不会是单一频率的纯音，而是由许许多多不同频率、不同强度的纯音组合而成。将噪声的强度（声压级）按频率顺序展开，使噪声的强度成为频率的函数，并考察其波形，称为噪声的频谱分析（或频率分析）。研究噪声的频谱分析很重要，能深入了解噪声声源的特性，帮助寻找主要的噪声污染源，并为噪声控制提供依据。

频谱分析的方法是使噪声信号通过一定带宽的滤波器，通带越窄，频率展开越详细；反之通带越宽，展开越粗略。以频率为横坐标，相应的强度（声压级）为纵坐标，通过滤波后各通带对应的声压级的包络线（即轮廓）称噪声谱。如图 7-6 所示。

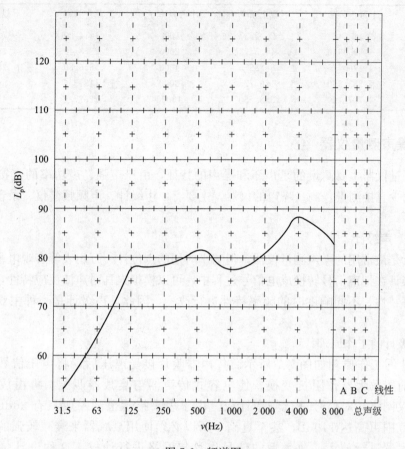

图 7-6 频谱图

滤波器有等带宽滤波器、等百分比带宽滤波器和比。等带宽滤波器是指任何频段上的滤波，通带都是固定的频率间隔，即含有相等的频率数；等百分比带宽滤波器具有固定的中心频率百分数间隔，故它所含的频率数随滤波通带的频率升高而增加。例如，等百分比为 3% 的滤波器，100Hz 的通带为 100 ± 3Hz，1000Hz 的通带为 1000 ± 30Hz，而 10000Hz 的通带为 10000 ± 300Hz。噪声监测中所用的滤波器是等比带宽滤波器，它是指滤波器的上、下截止频率（f_2 和 f_1）之比以 2 为底的对数为某一常数，常用的有倍频程滤波器和 1/3 倍频程滤波器等，具体定义是：

1 倍频程：$\log_2 \dfrac{f_2}{f_1} = 1$

1/3 倍频程：$\log_2 \dfrac{f_2}{f_1} = \dfrac{1}{3}$

通式为：$f_2 / f_1 = 2^n$

1 倍频程常简称为倍频程，在音乐上称为一个八度，是最常用的。1 倍频程滤波器最常用的中心频率值 f_m、上截止频率 f_2、下截止频率 f_1（表 7-2），是经国际标准化认定并作为各国滤波器产品的标准值，中心频率 $f_m = \sqrt{f_1 \cdot f_2}$。

常用 1 倍频程滤波器的中心频率和截止频率					表 7-2
中心频率 f_m	上截止频率 f_2	下截止频率 f_1	中心频率 f_m	上截止频率 f_2	下截止频率 f_1
31.5	44.5473	22.2737	1000	1414.20	707.100
63	89.0946	44.5473	2000	2828.40	1414.20
125	176.775	88.3875	4000	5656.80	2828.40
250	353.550	176.775	8000	11313.6	5656.40
500	707.100	353.550	16000	22627.2	11313.6

■ 7.4　噪声测量仪器

噪声测量仪器主要测量的是声压和噪声的特征，由于声强、声功率的直接测量较麻烦，所以较少直接测量。测量噪声的仪器，主要有：声级计、声频频谱仪、录音机和实时分析仪器等。

7.4.1　声级计

声级计是最常用的噪声测量仪器，但与平时用的点位计、万用表等客观电子测量仪表不同，声级计在把声信号转换成电信号过程中，可以模拟人耳对声波反应特性，对不同灵敏度的频率特性、不同响度时的频率特性进行改变，因此，声级计是一种主观性的电子仪器。

1. 声级计的工作原理

声级计的工作原理如图 7-7 所示。传声器膜片接受声压后，将声压信号转换成电信号，经前置放大器作阻抗变换，使电容式传声器与衰减器匹配，再由放大器将信号送入计权网络，对信号进行频率计权。由于表头指示范围一般只有 20dB，而声音范围变化范围可高达 140dB，甚至更高，所以必须使用衰减器来衰减较强的信号，再由输入放大器进行放大。放大后的信号由计权网络进行计权，这种设计是模拟人耳对不同的频率有不同灵敏度的听觉响应。在计权网络处可外接滤波器，进行频谱分析。输出的信号由输出衰减器减到额定值，随即送到输出放大器放大，使信号达到相应的功率输出，输出信号经 RMS 检波后送出有效值电压，推动电表，显示所测的声压级分贝值。

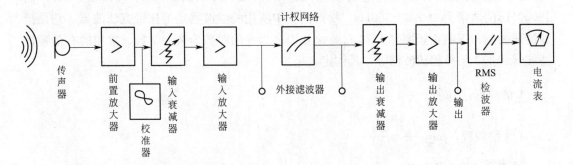

图 7-7　声级计工作原理图

2. 声级计的分类

声级计灵敏度是指：标准条件下测量 1000Hz 纯音所表现的精度。

（1）根据声级计整机灵敏度不同，可将声级计分为两类：普通声级计和精密声级计。普通声级计的测量误差约为±3dB，精密声级计约为±1dB。普通声级计对传声器要求不太高，动态范围和频响平直范围较窄，一般不与带通滤波器相连用；精密声级计的传声器要求频响宽，灵敏度高，长期稳定性好，且能与各种带通滤波器配合使用，放大器输出可直接和电平记录器、录音机相连接，可将噪声信号显示或贮存起来。如将精密声级计的传声器取下，换一输入转换器并接加速度计，就成为振动计，可作为震动测量。

（2）近年来，又将声级计分为四类：0型、1型、2型和3型，精密度分别为：±0.4dB、±0.7dB、±1.0dB和±1.5dB。

（3）声级计按用途可分为两类：一类用于测量稳态噪声，一类则用于测量不稳态噪声和脉冲噪声。积分式声级计是用来测量一段时间内不稳态噪声的等效声级的。脉冲式声级计是用于测量脉冲噪声的，这种声级计符合人耳对脉冲声的响应及人耳对脉冲声反应的平均时间。

（4）根据所使用的计权网络的不同，可分为四类：A声级、B声级、C声级和D声级，单位记作 dB（A）、dB（B）、dB（C）和 dB（D）。

（5）按照表头响应按灵敏度，可将测量噪声用的声级计分为四种：

"慢"。表头时间常数为 1000ms，一般用于测量稳态噪声，测得的数值为有效值。

"快"。表头时间常数为 125ms，一般用于测量波动较大的不稳态噪声和交通运输噪声等，快档接近人耳对声音的反应。

"脉冲或脉冲保持"。表针上升时间为 35ms，用于测量持续时间较长的脉冲噪声，如冲床、按锤等，测得的数值为最大有效值。

"峰值保持"。表针上升时间小于 20ms，用于测量持续时间很短的脉冲声，如枪、炮和爆炸声，测得的数值是峰值，即最大值。

7.4.2　其他噪声测量仪器

1. 声级频谱仪

噪声测量中如需进行频谱分析，通常在精密声级配用倍频程滤波器。根据规定需要使用十挡，即中心频率为 31.5、63、125、250、500、1k、2k、4k、8k、16k。

2. 录音机

如果不能进行现场噪声分析，需要储备噪声信号，然后带回实验室分析，这就需要录音机。供测量用的录音机与家用录音机不同，其性能要求较高，要求频率范围宽（20～15000Hz），失真小（小于3%），信噪比大（35dB以上），此外，还要求频响特性尽可能平直、动态范围大等。

3. 记录仪

记录仪是将测量的噪声声频信号，随时间变化记录下来，从而对噪声作出准确评价，记录仪能将交变的声谱信号作对数转换，整流后，将噪声的峰值、均方根值（有效值）和平均值表示出来。

4. 实时分析仪

实时分析仪是一种数字式谱线显示仪，能把测量范围的输入信号在短时间内，同时放映在一系列信号通道示屏上，通常用于较高要求的研究、测量。

■ 7.5 噪声标准

噪声对人的影响与声源的物理特性、暴露时间和个性差异等因素有关。所以噪声标准的制订是在大量实验基础上进行的统计分析，主要考虑因素是保护听力、噪声对人体健康的影响、人们对噪声的主观烦恼度和目前的经济、技术条件等方面。对不同的场所和时间分别加以限制，同时考虑标准的科学性、先进性和现实性。

从保护听力而言，一般认为每天 8h 长期工作在 80dB 以下听力不会损失，而声级分别为 85dB 和 90dB 环境中工作 30 年，根据国际标准化组织（ISO）的调查，耳聋的可能性分别为 8% 和 18%。在声级 70dB 环境中，谈话就感到困难。而干扰睡眠和休息的噪声级阈值白天为 50dB，夜间为 45dB，我国工业企业噪声卫生标准见表 7-3。为了保护人们的听力和健康，规定每天工作 8 小时，允许等效连续 A 声级为 85～90dB，时间减半，允许噪声提高 3dB（A）。

我国工业企业噪声卫生标准（单位：dB）　　　　　表 7-3

累积噪声暴露时间(h)	8	4	2	1	0.5	0.25	0.125	最高限
噪声级(dB(A))	85	88	91	94	97	100	103	115
噪声级(dB(A))	90	93	96	99	102	105	108	115

环境噪声标准制订的依据是环境基本噪声。各国大都参考 ISO 推荐的基数（例如睡眠为 30dB），我国把安静住宅区夜间的噪声标准规定为 35dB（A），再考虑到区域和时间因素，制订了城市区域环境噪声标准，见表 7-4。

城市各类区域环境噪声标准值　　　　　表 7-4

适用区域	昼间	夜间
特殊住宅区	45	35
居民、文教区	50	40
一类混合区	55	45
商业中心区、二类混合区	60	50
工业集中区	65	55
交通干线道路两侧	70	60

注：单位：等效声级 $L_{eq} \cdot$ dB（A）。

"特殊住宅区"是指特别需要安静的住宅区；"居民、文教区"是指纯居民区和文教、机关区；"一类混合区"是指一般商业与居民混合区；"二类混合区"是指工业、商业、少量交通与居民混合区；"商业中心区"是指商业集中的繁华地区；"工业集中区"是指在一个城市或区域内规划明确确定的工业区；"交通干线道路两侧"是指车辆流量每小时100 辆以上的道路两侧。

上述标准值指户外允许噪声级，测量点选在受影响的居住或工作建筑物外 1m，传声器高于地面 1.2m 以上的噪声影响敏感处（如窗外 1m 处）。如必须在室外测量，则标准值应低于所在区域 10dB（A）夜间频繁出现的噪声（如风机等），其峰值不准超过标准值10dB（A），夜间偶尔出现的噪声（如短促鸣笛声），其峰值不超过标准值 15dB（A）。我国工业企业噪声标准见表 7-5 和表 7-6。

新建、扩建、改建企业标准 表 7-5	
每个工作日接触噪声时间(h)	允许标准 dB(A)
8	85
4	88
2	91
1	94
最高不得超过 115	

现有企业暂行标准 表 7-6	
每个工作日接触噪声时间(h)	允许标准 dB(A)
8	90
4	93
2	96
1	99
最高不得超过 115	

由于接触噪声时间与允许声级相联系，故而定义实际噪声暴露时间（$T_{实}$）除以容许暴露时间（T）之比为噪声剂量（D）：

$$D = \frac{T_{实}}{T} \tag{7-22}$$

如果噪声剂量大于 1，则在场工作人员所接受的噪声超过安全标准。通常每天所接受的噪声往往不是某一固定声级和相应的暴露时间进行计算，即

$$D = \frac{T_{实1}}{T} + \frac{T_{实2}}{T} + \cdots \tag{7-23}$$

【例 7-6】 某工人在车床上工作，8h 额定生产 140 个零件，每个零件加工 2min，车床工作时声级为 93dB（A），试计算噪声剂量（D），并以现有企业标准评价是否超过安全标准？

解： 总暴露时间为：$T_{实} = 2\text{min} \times 140 = 280\text{min}$，即 4.67h

从表 7-5 可知：车床工作时声级为 93dB（A），$T = 4$h，故：

$$D = \frac{4.67}{4} \approx 1.17$$

结论：工作噪声环境已超过噪声安全标准。

■ 7.6 噪声测量

环境噪声监测的目的和意义：及时、准确地掌握城市噪声现状，分析其变化趋势和规律；了解各类噪声源的污染程度和范围，为城市噪声管理、治理和科学研究提供系统的监测资料。

城市环境噪声监测包括：城市区域环境噪声监测、城市交通噪声监测、城市环境噪声长期监测和城市环境中扰民噪声源的调查测试等。

7.6.1 城市区域环境噪声监测

将要普查测量的城市划分成等距离网格（如 500m×500m），测量点设在每个网格中心，若中心点的位置不宜测量（如房顶、污沟、禁区等），可移到旁边能够测量的位置。网格数不应少于 100 个，如果市区面积较小，可按 250m×250m 划分网格。

测量时一般应选在无雨、无雪时（特殊情况例外），声级计应加风罩以避免风噪声的干扰，同时也要保持传声器清洁。四级以上大风天气应停止测量。

声级计可以手持或固定在三脚架上，传声器离地面高 1.2m。如果仪器放在车内，则要求传声器伸出车外一定距离，尽量避免车体反射的影响，与地面距离仍保持 1.2m 左

右。如固定在车顶上要加以注明，手持声级计应使人体与传声器距离 0.5m 以上。

测量的时间是一定时间间隔（通常为 5s）的 A 声级瞬时值，动态特性选择慢响应。

测量时间分为白天（6：00～22：00 时）和夜间（22：00～6：00 时）两部分。白天测量一般选在 8：00～12：00 时或 14：00～18：00 时，夜间一般选在 22：00～5：00 时，随着地区和季节不同，时间可以稍作调整。

在每一个测点，连续读取 100 个数据（当噪声起伏较大时，应读取 200 个数据）代表该点的噪声分布，昼、夜间分别测量，测量的同时要判断和记录周围的声学环境，如主要的噪声来源等。

由于环境噪声多是随时间起伏变化的噪声，所以测量结果要用统计值或等效声级表示，将测定数据按相关公式计算 L_{10}、L_{50}、L_{90}、L_{eq} 的算术平均值（L）和最大值及标准偏差（σ），把全市网点值列表，以便各城市之间比较。

评价方法：

（1）数据平均法：将全部网点测得的连续等效 A 声级做算术平均运算，所得到的算术平均值就代表某一区域的总体噪声水平。

（2）图示法：即用区域噪声污染图表示。为了便于绘图，将全市各测点的测量结果以 5dB 为一等级，划分为若干等级（如 56～60，61～65，66～70……），然后用不同的颜色或阴影线表示每一等级，绘制在城市区域的网格上，见表 7-7，用于表示城市区域的噪声污染分布。

城市区域的噪声污染分布　　　　　　　　　　　　　　　表 7-7

噪声带	颜色	阴影线
35dB 以下	浅绿色	小点,低密度
36～40dB	绿色	中点,中密度
41～45dB	深绿色	大点,大密度
46～50dB	黄色	垂直线,低密度
51～55dB	褐色	垂直线,中密度
56～60dB	橙色	垂直线,高密度
61～65dB	朱红色	交叉线,低密度
66～70dB	洋红色	交叉线,中密度
71～75dB	紫红色	交叉线,高密度
76～80dB	蓝色	宽条垂直线
81～85dB	深蓝色	全黑

7.6.2　城市交通噪声监测

在每两个路口之间的交通线上选择一个测点，测点选在人行道上，离马路 20cm，与马路的距离一般要求大于 50m，同时注意避开明显的非交通噪声污染源。此测点的监测结果即可代表两路口之间该段道路的交通噪声。

在规定时间内以选取的测点上每隔 5s 读一瞬时 A 计权声级（慢响应），连续读取 200 个数据，同时记录下机动车辆的流量（辆/h），然后用式(7-24)计算等效连续声级（L_{eq}）

$$L_{eq} = 10 \cdot \lg\left(\sum_{i=1}^{200} 10^{0.1L_i}\right) - 23 \tag{7-24}$$

因交通噪声基本符合正态分布，故也可近似地用式(7-25)来计算 L_{eq}。测量结果一般用统计噪声级和等效连续 A 声级来表示。将每个测点所测得的 200 个数据按从大到小顺序排列，第 20 个数据即为 L_{10}，第 100 个数据即为 L_{50}，第 180 个数据即为 L_{90}。因此，可直接用近似公式计算等效连续 A 声级和标准偏差值。

$$L_{eq} \approx L_{50} + d^2/60, \quad d = L_{10} - L_{90} \tag{7-25}$$

全市所有测点交通噪声的等效声级（L_{eq}）和累积统计声级（L_{10}、L_{50}、和 L_{90}）的平均值按式(7-26)计算：

$$L = \frac{1}{l} \sum_{i=1}^{n} L_i l_i \tag{7-26}$$

式中：l 代表全市交通干线总长度，$l = \sum_{i=1}^{n} l_i$(km)；l_i 代表第 i 段交通干线的长度(km)；L_i 代表第 i 段干线上测得的等效连续声级或累积统计声级 dB(A)。

7.6.3　工业企业噪声监测

测量工业企业噪声时，传声器的位置应在操作人员的耳朵位置，但人需离开。

测点选择的原则：若车间内各处 A 声级波动小于 3dB，则只需在车间内选择 1~3 个测点；若车间内各处声级波动大于 3dB，则应按声级大小，将车间分成若干区域，任意两区域的声级应大于或等于 3dB，而每个区域内的声级波动必须小于 3dB，每个区域取 1~3 个测点。这些区域必须包括所有工人为观察或管理生产过程，经常工作、活动的地点和范围。

如为稳态噪声则测量 A 声级，记为 dB(A)，如为不稳态噪声，测量等效连续 A 声级或测量不同 A 声级下的暴露时间，计算等效连续 A 声级，测量时使用慢挡，取平均读数。

测量时要注意减少环境因素对测量结果的影响，如应注意避免或减少气流、电磁场、温度和湿度等因素对测量结果的影响。

测量结果记录于表 7-8 和表 7-9 中，在表 7-8 中，测量的 A 声级的暴露时间，必须填入对应的中心声级下面，以便计算。如 78~82dB(A) 的暴露时间填在中心声级 80 之下，83~87dB(A) 的暴露时间填在中心声级 85 之下。

工业企业噪声测量记录　　　　　　　　　　　　表 7-8

_____厂_____车间，厂址_____，____年____月____日

测量仪器	名称		型号	校准方法						备注		
车间设备状况	机械名称		型号	功率	运转状态					备注		
					开(台)			停(台)				
设备分布测点示意图												
数据记录	测点	声级(dB)		倍频带声压级(dB)								
		A	C	31.5	63	125	250	500	1K	2K	4K	8K	16K

等效连续声级记录表 表 7-9

暴露	测点	中 心 声 级										等效连续声级
		80	85	90	95	100	105	110	115	120	125	
时间(min)												
备注												

■ 7.7 噪声分级

7.7.1 分级基础

噪声分级以国家职业卫生标准接触限值及测量方法为基础进行分级。

7.7.2 分级依据

根据劳动者接触噪声水平和接触时间对噪声作业进行分级。

(1) 噪声作业分级是对噪声暴露危害程度的评价，也是为控制噪声危害及进行量化管理、风险评估提供重要依据。在进行噪声作业分级时，应正确使用与本部分相关的国家职业卫生接触限值及测量方法标准。

(2) 当生产工艺、劳动过程及噪声控制措施发生改变时，应重新进行分级。

7.7.3 噪声作业分级

(1) 稳态和非稳态连续噪声

按照《工作场所物理因素测量 第 8 部分：噪声》GBZ/T 189.8—2007 的要求进行噪声作业测量，依据噪声暴露情况计算 $L_{EX,8h}$ 或 $L_{EX,w}$ 后，确定噪声作业级别，共分 4 级。

稳态和非稳态连续噪声作业分级 表 7-10

分级	等效声级 $L_{EX,8h}$(dB)	危害程度
Ⅰ	$85 \leqslant L_{EX,8h} < 90$	轻度危害
Ⅱ	$90 < L_{EX,8h} < 94$	中度危害
Ⅲ	$95 < L_{EX,8h} < 100$	重度危害
Ⅳ	$L_{EX,8h} \geqslant 100$	极重危害

注：表中等效声级 $L_{EX,8h}$ 与 $L_{EX,w}$ 等效使用。

(2) 脉冲噪声

按照《工作场所物理因素测量 第 8 部分：噪声》GBZ/T 189.8—2007 的要求测量脉冲噪声声压级峰值（dB）和工作日内脉冲次数 n，确定脉冲噪声作业级别，共分 4 级。

脉冲噪声作业分级 表 7-11

分级	声压峰值(dB)			危害程度
	$n \leqslant 100$	$100 < n \leqslant 1000$	$1000 < n \leqslant 10000$	
Ⅰ	$140.0 \leqslant n < 142.5$	$130.0 \leqslant n < 132.5$	$120.0 \leqslant n < 122.5$	轻度危害
Ⅱ	$142.5 \leqslant n < 145$	$132.5 \leqslant n < 135.0$	$122.5 \leqslant n < 125.0$	中度危害
Ⅲ	$145 \leqslant n < 147.5$	$135.0 \leqslant n < 137.5$	$125.0 \leqslant n < 127.5$	重度危害
Ⅳ	$n \geqslant 147.5$	$n \geqslant 137.5$	$n \geqslant 127.5$	极重危害

注：n 为每日脉冲次数。

7.7.4 分级管理原则

对于 8h/d 或 40h/周噪声暴露等效声级≥80dB 但<85dB 的作业人员，在目前的作业方式和防护措施不变的情况下，应进行健康监护，一旦作业方式或控制效果发生变化，应重新分级。

① 轻度危害（Ⅰ级）：在目前的作业条件下，可能对劳动者的听力产生不良影响。应改善工作环境，降低劳动者实际接触水平，设置噪声危害及防护标识，佩戴噪声防护用品，对劳动者进行职业卫生培训，采取职业健康监护、定期作业场所监测等措施。

② 中度危害（Ⅱ级）：在目前的作业条件下，很可能对劳动者的听力产生不良影响。针对企业特点，在采取上述措施的同时，采取纠正和管理行动，降低劳动者实际接触水平。

③ 重度危害（Ⅲ级）：在目前的作业条件下，会对劳动者的健康产生不良影响。除了上述措施外，应尽可能采取工程技术措施，进行相应的整改，整改完成后，重新对作业场所进行职业卫生评价及噪声分级。

④ 极重危害（Ⅳ级）：目前作业条件下，会对劳动者的健康产生不良影响，除了上述措施外，及时采取相应的工程技术措施进行整改。整改完成后，对控制及防护效果进行卫生评价及噪声分级。

7.7.5 分级应用举例

某纺织厂外购棉条生产纺织品，一线生产工人及管理人员共 242 人，其中 90％为女工，实行三班倒工作制度，每班 8h、每周工作 5d。噪声是该企业的主要职业病危害因素。在进行生产及噪声控制、防护情况调查后，进行劳动写实记录，结合现场噪声测量结果汇总并进行分级，结果见表 7-12。在出具噪声作业分级报告时，应对噪声危害控制措施、防护情况等进行描述和提出管理建议。

某纺织厂噪声作业危害程度分级　　　　　　　　　　　　表 7-12

序号	工种	人数	等效声级 $L_{EX, 8h}$(dB)	分级	危害程度
1	织布挡车	98	103	Ⅳ	极度
2	细纱挡车	120	96	Ⅲ	重度
3	上料	15	100	Ⅳ	极度
4	机修	9	98	Ⅲ	重度

7.8 噪声控制

人类已经认识到控制噪声已经成了一个刻不容缓的问题。控制噪声环境，除了考虑人的因素之外，还需兼顾经济和技术上的可行性。由于噪声问题基本上都可以分为三部分：声源—传播途径—接收者。因此，一般噪声控制技术都可分为三部分来考虑。首先是降低声源本身的噪声，如果做不到，或能做到却又不经济，则考虑从传播途径中来降低，如上述方案仍然达不到要求或不经济，则可考虑接收者的个人防护。因此，噪声控制基本途径可分为：声源控制、传播途径控制和个体防护。

7.8.1 声源控制

控制噪声源是降低噪声的最根本和最有效的办法。在声源处消除噪声，即使只是局部的，也会使传播途径或接受处的减噪工作大为简化。工业生产的机器和交通运输的车辆是环境噪声的主要噪声源。消除噪声污染的根本途径是减少机器设备和车辆本身的振动和噪声，通过研制和选择低噪声的设备及改进生产加工工艺，提高机械设备加工精度和设备的安装技术，使发声体变为不发声体或降低发声体辐射的声功率，可从根本上解决噪声的污染或大大简化传播途径上的控制措施。

降低声源噪声，就是使发声体变为不发声体或者降低发声体辐射的声功率。

1. 研制低噪声设备

（1）选用内阻大的材料制造零件

一般金属材料，如钢、铜、铝等，它们的内阻尼、内摩擦较小，消耗振动能量的性能比较差，因此，凡用这些材料做成的机械零件，在振动力的作用下，机械零件表面会辐射较强的噪声。而采用材料内耗大的高阻尼合金就不同了，高阻尼合金（如锰-铜-锌合金）的晶体内部存在一定的可动区，当受到作用力时，合金内摩擦将引起振动滞后损耗效应，使振动能转化为热能散掉。因而在同样作用力的激发下，高阻尼合金要比一般金属辐射的噪声小得多。

（2）改进设备结构降低噪声

通过改进设备的结构减小噪声，其潜力是巨大的。如风机叶片的不同形式，其噪声的大小就有很大差别。例如，把风机叶片由直片形改成后弯形，可降低噪声 10dBA 左右。有些电动机设计得比较保守，冷却风扇选得大，噪声也大。试验表明，若把冷却风扇从末端去掉 2～3mm，能将噪声降低 6～7dB（A）。

（3）改进舍去装置降低噪声

对旋转的机械设备，采用不同的舍去装置，其噪声大小是不一样的。从控制噪声角度考虑，应尽量选用噪声小的传动方式。实测表明，一般正齿轮传动装置噪声比较大，而改用斜齿轮或螺旋齿轮，它啮合时重合系数大，可降低噪声 3～10dB（A），若用皮带传动代替正齿轮传动，可降低噪声 16dB（A）。

齿轮类的传动装置，可通过减小齿轮的线速度及选择合适的传动比来降低噪声。试验表明，若将齿轮的线速度降低一半，噪声就会降低 6dB（A）；传动比若选用非整数，噪声可降低 2～3dB（A）。

2. 改进生产工艺

改进生产工艺，也是从声源上降低噪声的一种途径。比如，对建筑施工的打桩机噪声进行测试表明，柴油打桩机在 10m 处噪声达 95～105dB（A），而钻孔灌注桩机的噪声则只有 80dB（A）。在工厂里，把铆接改用焊接，把锻打改成摩擦压力或液压加工，均可将噪声降低 20～40dB（A）

3. 提高加工精度和装配质量

机器运行中，由于机件间的撞击、摩擦，或由于动平衡不好，都会导致噪声增大。可采用提高机件加工精度和机器装配质量的方法降低噪声。例如，提高传动齿轮的加工精度，既可减小齿轮的啮合摩擦，也使振动减小，这样就会减小噪声。

降低机器设备噪声，也往往会提高机器的效率和延长使用寿命，也就是说，噪声大小常反映着机器的加工质量和装配质量的好坏。目前我国许多机械产品制造部门已开始重视这个问题，并制定了许多设备噪声允许标准，如工程机械噪声限值和测定、汽车定噪声限值等。这极大地降低了我国机械设备的噪声。

7.8.2 传播途径控制

噪声传播途径控制可分为：吸声、隔声和消声。

(1) 吸声：主要利用吸声材料或吸收结构来吸收声能（图7-8）。

吸声系数 α 是衡量材料吸声性能大小的表征量：

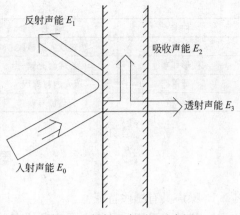

图 7-8 材料吸声原理示意图

$$\alpha=\frac{E_2+E_3}{E_0}=1-\frac{E_1}{E_0} \qquad (7-27)$$

式中，E_2 为被吸收的声能；E_3 为透射声能；E_0 为入射声能；E_1 为反射声能。

当 $E_1=E_0$ 时，$\alpha=0$，表示材料是全反射的；当 $E_1=0$ 时，$\alpha=1$，表示材料是全吸收的；吸声系数越大，材料的吸声效果越好。吸声系数 $\alpha>0.2$ 的材料，称为吸声材料。光滑水泥地面的平均吸声系数 $\alpha=0.02$，钢板 $\alpha=0.01$，均不是吸声材料。

(2) 隔声：应用隔声构件将噪声源和接收者分开，使噪声在传播途径中受到阻挡，在噪声的传播途径中降低噪声污染，从而使待控制区域所受的噪声干扰减弱，是控制噪声最有效措施之一。

一般有构件：砖墙、混凝土墙、金属板、木板等。

(3) 消声：消声就是利用消声器来降低空气中声的传播。

消声器是一种让气流通过使噪声衰减的装置，安装在气流通过的管道中或进、排气口上，有效地降低空气动力性噪声。

消声器的种类很多，按消声原理大致分为阻性消声器（转化为热能）、抗性消声器、阻抗复合式消声器、微穿孔板消声器、耗散型及特殊型消声器。

抗性消声器与阻性消声器的消声原理是不同的，它不直接吸收声能．而是利用管道上突变的界面或旁接共振腔，使沿管道传播的某些频率声波在突变的界面处发生反射、干涉等现象，达到消声的目的。

适用于汽车、拖拉机、空压机等进、排气口管道的消声。

7.8.3 个体防护

在声源和传播途径上无法采取措施，或采取了声学技术措施仍达不到预期效果，应对噪声环境中的操作人员进行个人防护，让工人戴个人防噪用品。由于噪声一方面影响人耳听力，另一方面通过人耳将信息传递给神经中枢系统，并对人体全身产生影响。因而，在耳朵上戴防声用具，不仅保护了听力，而且也保护了人体的各个器官免受噪声危害。常用的有耳塞、防声棉、耳罩、防声帽等，主要是利用隔声原理来阻挡噪声传入人耳，使感受声级降低到允许水平（表7-13）。

常用防声用具的效果　　　　　　　　　　　　　表 7-13

种类	备注	质量(g)	衰减 dB(A)
棉花	塞在耳内	1~5	5~10
棉花涂蜡	塞在耳外	1~5	10~20

续表

种类	备注	质量(g)	衰减 dB(A)
伞形耳塞	塑料或人造橡胶	1～5	15～30
柱形耳塞	乙烯套充蜡	3～5	20～30
耳罩	罩壳内衬海绵	250～300	20～40
防声帽	头盔加耳塞	1500	30～50

思 考 题

1. 噪声具有哪些特征？

2. 为什么采用分贝来表示声音的声学量度？

3. 在声压测量中，为什么不采用平均声压，而采用有效声压？

4. 什么叫计权声级？在噪声测量中有何作用？

5. 等响曲线有什么特征？响度级、频率、和声压级三者之间有何关系？

6. 怎样进行噪声的相加和相减？

7. 三个声源作用于某一点，声压级分别为 65dB、68dB 和 71dB，求该点的总声压级。

8. 某工人工作的条件是每小时 4 次暴露于 102，时间为 6min；4 次暴露于 106，时间为 0.75min，为保证工人安全，每天工作时间应低于几小时？

参 考 文 献

[1] 曹香府编. 有毒有害物质的职业危害与防护 [M]. 北京：煤炭工业出版社，2010.

[2] 陈安之主编. 作业环境空气中有毒物质检测方法 [M]. 北京：北京经济学院出版社，1999.

[3] 陈海群，陈群，王新颖. 安全检测与监控技术 [M]. 北京：中国石化出版社，2013.

[4] 董文庚，刘庆洲，高增明编著. 安全检测原理与技术 [M]. 北京：海洋出版社，2004.

[5] 董文庚，苏昭桂，刘庆洲编著. 安全检测 [M]. 北京：中国石化出版社，2016.

[6] 高红武主编. 噪声控制技术（第 2 版）[M]. 武汉：武汉理工大学出版社，2009.

[7] 高洪亮主编. 安全检测监控技术 [M]. 北京：中国劳动社会保障出版社，2009.

[8] 国家安全生产监督管理总局职业安全健康监督管理司，中国安全生产科学研究院编. 职业卫生评价与检测：职业病危害因素检测 [M]. 北京：煤炭工业出版社，2013.

[9] 黄仁东，刘敦文编. 安全检技术 [M]. 北京：化学工业出版社，2006.

[10] 教育部高等学校安全工程学科教学指导委员会编. 安全检测与监控 [M]. 北京：中国劳动社会保障出版社，2011.

[11] 金伟，齐世清，吴朝霞等. 现代检测技术（第 3 版）[M]. 北京：北京邮电大学出版社，2012.

[12] 谈建国，陆晨，陈正洪主编. 高温热浪与人体健康 [M]. 北京：气象出版社，2009.

[13] 奚旦立、孙裕生、刘秀英主编. 环境监测 [M]. 北京：高等教育出版社，1999.

[14] 徐凯宏，董文庚编. 安全检测与智能检测 [M]. 北京：中国质检出版社，2014.

[15] 徐世勤、王樯主编. 工业噪声与振动 [M]. 北京：冶金工业出版社，1999.

[16] 杨凤和主编. 安全检测原理与技术 [M]. 天津：天津大学出版社，1999.

[17] 张斌，徐宏，陆春荣编. 安全检测与控制技术 [M]. 北京：化学工业出版社，2011.

[18] 张乃禄，徐竟天，薛朝妹编著. 安全检测技术 [M]. 西安：西安电子科技大学出版社，2012.

[19] 赵建华编著. 现代安全检测技术 [M]. 合肥：中国科学技术大学出版社，2006.

[20] 赵汝林主编. 安全检测技术 [M]. 天津：天津大学出版社，1999.

[21] 中国安全生产科学研究院编. 作业场所职业危害检测检验技术 [M]. 北京：中国劳动社会保障出版社，2012.

[22] 周福富，赵艳敏编. 职业危害因素检测评价技术（第 1 版）[M]. 北京：化学工业出版社，2016.